海兰褐壳蛋鸡

华都京白 A98 商品代鸡

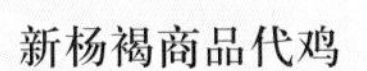

新杨褐商品代鸡

罗曼褐壳蛋鸡

海赛克斯褐壳蛋鸡

伊莎褐壳蛋鸡（蛋鸡品种照片由金光钧提供）

孵化机

接种疫苗

育成期网上平养

鸡舍内景（示笼架与饮水器）

纵向通风

湿 帘

无公害肉蛋奶生产技术丛书

WUGONGHAI ROUDANNAI CHENGCHANG JISHU CONGSHU

蛋鸡无公害高效养殖

主 编

王海荣

副主编

姜淑贞 姜顺湖

编著者

林雪彦 姜淑贞 李同树

阎从容 王海荣 李 郁

苏鹏程

金盾出版社

内 容 提 要

本书内容包括:蛋鸡无公害高效养殖概述,国内外主要蛋鸡品种,蛋鸡无公害高效养殖的环境选择与鸡场建设,蛋鸡的营养需要与饲料配制,蛋鸡的饲养管理,蛋鸡的卫生防疫。本书比较系统全面地反映了国家有关蛋鸡无公害养殖的法规政策及国内外最新研究成果。内容新颖,语言通俗易懂,技术先进实用。可供养鸡场、养鸡专业户、畜牧兽医工作者使用,也可供农业院校相关专业师生阅读参考。

图书在版编目(CIP)数据

蛋鸡无公害高效养殖/王海荣主编. —北京:金盾出版社,2004.6
(肉蛋奶无公害生产技术丛书)
ISBN 978-7-5082-2928-7

Ⅰ.蛋… Ⅱ.王… Ⅲ.卵用鸡-饲养管理-无污染技术 Ⅳ.S831

中国版本图书馆 CIP 数据核字(2004)第 027617 号

金盾出版社出版、总发行
北京太平路 5 号(地铁万寿路站往南)
邮政编码:100036 电话:68214039 83219215
传真:68276683 网址:www.jdcbs.cn
彩色印刷:北京百花彩印有限公司
黑白印刷:国防工业出版社印刷厂
装订:大亚装订厂
各地新华书店经销

开本:850×1168 1/32 印张:7.5 彩页:4 字数:182 千字
2009 年 3 月第 1 版第 4 次印刷
印数:28001—39000 册 定价:14.00 元

序言 XUYAN

1962年，美国生物学家切尔·卡逊(Rachel Carson)出版了《寂静的春天》一书。她用大量的事例讲述了使用农药破坏生态平衡的情况，引起了世界各国政要和科学家的重视，也强烈地震撼了广大民众。发出了为人类的安全和健康，生产无公害食品的第一个绿色信号。40多年过去了，随着社会的发展和科学技术进步，食品安全已成为全社会的热点话题，并引起了世界各国的重视与关注。

工业化的推进和现代农业的发展，化肥、农药、兽药、饲料添加剂的使用，为农牧业生产的发展和食品数量的增长发挥了极其重要的作用；同时，也给食品安全带来了隐患。由于环境污染、饲料中农药的残留、不合理使用或滥用兽药和药物添加剂，导致许多有毒有害物质直接或通过食物链进入动物体内，造成残留物超标。动物性食品安全问题已成为我国畜牧业发展的一个主要矛盾。

为了解决农产品和动物性食品的质量安全问题，农业部从2001年开始在全国范围内组织实施了“无公害食品行动计划”。该计划以全面提高农产品质量安全水平为核心，以“菜篮子”产品为突破口，以市场准入为切入点，通过对农产品实行“从农田到餐桌”全过程质量安全控制，用5年的时间，基本实现主要农产品生产和消费无公害。

动物性食品无公害生产是个系统工程，必须从动物的品种选育、饲养环境、饲料生产、疫病防治、加工及流通进行全程质量控制。在生产动物性食品时，要选择良好的环境条件，防止大气、土壤和水质的污染。在不断提高养殖户的生态意识、环境意识、安全意识的同时，还应对动物性食品无公害生产技术进行汇总和推广应用。

为达到上述目的，金盾出版社同部分农业院校的有关专家共同策划出版了"无公害肉蛋奶生产技术丛书"。"丛书"包括猪、肉牛、肉羊、肉兔、肉狗、肉鸡、蛋鸡、奶牛等8个分册。该"丛书"紧紧围绕无公害生产技术展开，比较系统全面地介绍了当前动物性食品无公害生产技术的最新成果和信息，先进性、科学性和实用性强，实为指导当前动物性食品生产不可多得的重要参考书。可以预计，这套丛书的出版问世，对我国动物性食品无公害生产将产生极大的推动作用。

中国畜牧兽医学会养羊学分会理事长
甘肃农业大学　教授、博士生导师

赵有璋

2003年7月于兰州

目录

MULU

第一章　蛋鸡无公害高效养殖概述

第二章　国内外主要蛋用鸡品种

第三章　蛋鸡无公害高效养殖环境的选择和场舍建设

第四章　蛋鸡的营养需要与饲料配制

第五章　蛋鸡无公害高效养殖的饲养管理

第六章　蛋鸡无公害养殖的卫生防疫

第七章　蛋的贮运、营销的无公害化管理

第一章 蛋鸡无公害高效养殖概述

一、我国蛋鸡业的发展现状

自20世纪80年代以来,我国蛋鸡生产快速发展。进入90年代,每年以15%以上的速度迅速增长,在短短十几年的时间里,一跃成为世界禽蛋生产大国。1997年我国禽蛋产量达1 935.9万吨,占世界总产量的38.68%,其中鸡蛋约占82%,水禽蛋(主要是鸭蛋)占18%。2002年全国鲜蛋产量达2 360万吨,大约占全球鲜蛋产量的45%。已经连续18年跃居世界首位。

从地区分布来看,我国蛋鸡生产集中在黄淮海地区及东北玉米生产区。包括河北、山东、河南、天津、北京、江苏、辽宁、吉林和黑龙江等省、市,该区域饲料资源丰富,交通便利,气候条件适宜蛋鸡养殖。1997年,上述9省、市禽蛋产量达1 455.1万吨,占全国禽蛋总产量的68.5%。年存栏1 000只以上的规模和适度规模饲养场饲养蛋鸡5.3亿只,占全国规模化饲养总量的84.7%。目前,全国已形成"北蛋南调"的格局。

从生产组织形式上看,我国蛋鸡生产可分为3个层次:规模化饲养企业、适度规模的专业饲养户和千家万户的分散饲养。据2000年统计,我国饲养1万只蛋鸡以上的规模化饲养企业有6 403个,其中,饲养1万~5万只规模的企业5 865个,饲养5万~10万只的企业有377个,饲养10万~20万只的企业129个,20万只以上的企业31个。这类规模化饲养企业主要集中在大、中城市郊区,以满足城市居民供应为主要目标。规模化企业的蛋鸡饲养量占全国的比重达24%。适度规模专业户的饲养规模一般在几百只到数千只，主要以简易鸡舍和笼具饲养配套系蛋鸡。这类适度规模的专业饲养户分布在广大农区，所在县、乡行政管理体系与畜牧技术推广体系，通过技术服务、组织销售、建立种鸡场和饲料加工厂等措施，扶持农民进行适度规模饲养。目前，上述适度规模生产的鸡蛋已占全国鸡蛋总产量的 70%以上。而千家万户的分散饲养则主要分布在经济不发达地区，多为自繁自养，上市量很少。

从农区蛋鸡发展阶段上看，蛋鸡主产区(如江苏省海安县)的发展过程大致可分为 3 个阶段：①20 世纪 80 年代以前为传统的散养阶段，农户养鸡主要为了用鸡蛋换取油盐等家庭生活必需品；②80 年代为农户散养向适度规模的商品化饲养过渡的阶段，这一阶段不仅农户养鸡数量增多，从一户养几只、几十只发展到养几百只，更重要的是从饲养土种鸡开始向饲养商品配套系良种蛋鸡转换；③90 年代为适度规模饲养大发展阶段，主要特征是农户饲养的规模扩大，从几百只发展到数千只，同时，农民开始使用配合饲料养鸡，饲料供应、防疫、孵化和产品销售等产前产后的社会化服务体系也有了很大程度的发展。

商品配套系种鸡的引进和生产是蛋鸡生产的基础，也是我国蛋鸡生产走向现代化的关键。据统计，我国先后从 9 个国家的 25 个种禽公司引进了 34 个蛋鸡配套系。同时，我国也先后培育出自己的京白、新杨等蛋鸡品种。1996 年，全国有 88 个祖代鸡场和 2 000 多个父母代鸡场，共饲养蛋鸡祖代 45 万套，其中国产 25 万套，年产父母代约 2 700 万套，商品母雏年生产能力达到 16 亿只。目前，我国蛋鸡良种繁育体系已基本形成，以上海华申、新杨和北京华都为核心，构成了我国蛋鸡良种繁育体系的最高层次。近年来，我国种鸡引进数量有逐年下降的趋势，而国产品种却有较快的增长。

二、国内蛋鸡饲养业存在的主要问题

我国鸡蛋集贸市场的价格在1995年至1996年保持了上升趋势。但进入1997年以后，全国鸡蛋价格持续回落，已连续几年在4~5元/千克范围内浮动。由于鸡蛋价格持续回落，导致城市郊区规模化蛋鸡场亏损严重，蛋鸡存栏量和雏鸡上笼量大幅度减少，而占总产量76%的养禽专业户和上千万的散养户仍能维持薄利。从整体上看，目前我国鸡蛋市场已处于供略过于求的状况。

出现这一状况的主要原因，从供给方面看，是由于鸡蛋生产的速度增长过快。1990~1997年，我国禽蛋总产量从794.6万吨增长到2 125.4万吨，平均每年递增15.1%。1997年，我国人均禽蛋占有量已达17.3千克，相当于世界平均水平(7.9千克)的2倍，而且超过了发达国家的平均水平(1996年欧洲国家为12.7千克，北美国家为16.2千克)。

从市场需求角度来看，一方面，近年来我国牛、羊、猪肉等各种畜产品均快速增长，加上丰富的水产品，使人们可以选择的动物食品种类繁多，对鸡蛋需求的增长必然受到限制；另一方面，尽管近2年来城乡居民消费性支出比前几年有所提高，但由于住房、医疗和文化教育等改革措施的出台，居民用于这类的支出上升，人们的消费热点发生转移，而用于食品的消费金额则略有下降，造成畜产品消费增长减缓，在一定程度上影响了鸡蛋需求的增长。

另外，我国鸡蛋加工方式和加工能力的滞后，也制约了鸡蛋生产的发展。目前，我国的禽蛋消费以整蛋为主，约占生产量的90%，仅有10%用于食品工业和生物医药业，而美国则有30%，日本有50%以上的禽蛋用于深加工。加工能力的滞后不仅不利于蛋制品的出口贸易，也制约了鸡蛋生产的进一步发展。

鸡蛋产品的构成方面，国内消费的鸡蛋主要为普通蛋，特色蛋的消费量很少,高卵磷脂低胆固醇保健蛋等一大批的特色蛋因市场定位不对或未能在短时间内打出自己的品牌而昙花一现。而国外的鲜蛋消费中却有20%~30%为特色蛋(如荷兰的Welfare eggs,加拿大的Born,美国的Goodnews eggs,澳大利亚的Newstart等)。

鸡蛋产品质量方面的问题主要表现在以下几个方面:饲料中预防药物、促产蛋激素的滥用;饲养过程中的治疗用药不当引起某些药物在鸡蛋中的残留;饲料原料生产地违禁农药的使用引起了饲料中农药的残留超标;鸡舍环境控制不力,鸡蛋产后处理方式不当及大量的手工劳动污染,引起的大肠杆菌等有害菌指标的超标。因此,在鸡蛋的消费上,很多人也像对待其他产品一样,怀疑鸡蛋的安全性,有些人甚至专门高价购买超市里出售的柴鸡蛋,认为只有柴鸡蛋是农村放养的鸡所产的蛋,才无污染。蛋产品的安全问题已经引起了消费者的强烈关注。

三、发展蛋鸡无公害高效养殖的意义

为了满足消费者日益增长的对安全食品的需求,也为了规范无公害农产品的生产,2001年10月1日,农业部颁布了无公害农产品生产的行业标准。其中的无公害鸡蛋标准(NY5039—2001,NY5040/41/42—2001等),对无公害鸡蛋生产场地的环境质量、饲料品质及兽药使用范围以及蛋鸡的饲养管理等方面进行了明确的规范。所谓无公害鸡蛋是指产地环境、生产过程和产品质量符合国家有关标准和规范的要求,经有关部门认定合格并允许使用无公害产品标志的未加工或初加工的蛋产品。

鸡蛋营养丰富,价格低廉,使用方便,吃法多样,既可以作为菜肴,又可做成点心等。鸡蛋已成为中国人生活消费中的一种举足轻重的畜产品。因此,发展无公害鸡蛋的生产意义十分重大。具体体现在以下几方面。

第一,随着我国经济的发展,人民生活水平的提高,我国城乡居民的生活已从温饱型向小康型转变;畜牧业的发展带动了市场供求关系的转变,鸡蛋市场已从卖方市场向买方市场转化,由数量型向质量型转化;我国的消费者对产品的质量尤其是食品安全问题越来越重视,消费者加强食品安全的呼声也日益强烈。为了维护消费者的权益,保障广大人民群众的身体健康,发展无公害鸡蛋生产是我国政府也是鸡蛋生产者必须做出的选择,这也是推动蛋鸡业生产水平提高,调整产业结构,带动产业进一步发展的必经之路。

无公害鸡蛋等无公害产品的高附加值,已被越来越多的生产企业所认识。随着人们追求饮食安全和健康意识的加强,人们更加关心食品的质量和安全性,花钱买放心、买健康已成为时尚。人们对无公害食品的需求会越来越旺盛。

第二,由于人类生存活动和工业化程度的加快,人类生存越来越受到生存"代谢物"的危害。因此,"改善生存空间,造福子孙后代"成了人们共同关心的课题。发展无公害养殖业可以进一步带动无公害种植业,因为只有使用了种植业生产的无公害饲料,才能生产出无公害的禽产品。避免在生产中使用公害物质既有利于保护农业生态环境,促进农业的可持续发展,也有利于我国的环境保护,这将对我国的政治、经济、人民生活产生巨大的影响。

在今后一个较长的时期内,我国鸡蛋生产的发展方向将由规模扩张型(数量型)向质量效益型转变,由高额利润甚至暴利向微利转变。养殖场只有不断改进经营管理,采用先进技术,提高劳动效率,降低生产成本,提高产品质量,增加产品的附加值,才能在激烈的市场竞争中站稳脚跟,获得良好的效益。

第三,目前我国已经成为世界第一大鸡蛋生产国,虽然我国鸡蛋消费将随人民生活水平的提高不断增加,但不可能在短期内增加很多，目前鸡蛋市场已基本饱和，且国外蛋产品的进口量不断增加，中国蛋鸡业要持续高速发展，必须扩大出口，要想扩大出口则必须树立良好的国际形象，提高产品的质量，尤其是食品的安全水平。

实施包括无公害鸡蛋在内的无公害农产品的生产，可以最大限度地保护资源和人们的生存环境，同时又生产出安全、卫生、健康、环保的食品。所以，发展无公害鸡蛋生产，是我国在加入世界贸易组织(WTO)以后，蛋鸡业适应市场经济的客观需要，面对国内外市场的要求必须做出的现实选择，是未来蛋鸡业发展的必然趋势。

四、无公害鸡蛋的认证与管理

无公害食品的生产，从原料的产地环境，到农药、化肥、兽药和饲料添加剂等农业生产资料的使用，从食品品质、卫生安全到包装、贮存、运输及销售等方面，都采用了严于普通食品的生产加工技术、标准和要求，即实施了“从农田(牧场)到餐桌”的全过程质量安全控制体系。无公害鸡蛋的认证管理工作应按照国家规定进行产地认证、产品认证和标志管理、监督管理。

2002年4月29日农业部、国家质量监督检验检疫总局发布了《无公害农产品管理办法》，并从发布之日实行。该办法规定：无公害农产品管理工作，由政府推动，实行产地认定和产品认证的工作模式。国家鼓励生产单位和个人申请无公害农产品产地认定和产品认证。

为全面实施“无公害食品行动计划”，规范和推进无公害农产品产地认定和产品认证工作，2003年4月农业部、国家认证认可监督管理委员会(以下简称认监委)共同制定了《无公害农产品产地认定程序》和《无公害农产品认证程序》。为推动《农业部无公害农产品行动计划》的实施，农业部设立农业部农产品质量安全中心(以下简称中心)，具体负责无公害农产品认证工作。其下设种植业产品、畜牧业产品和渔业产品三个认证分中心，作为业务分支机构，分别依托农业部优质农产品开发服务中心、全国畜牧兽医总站和中国水产科学研究院组建，并承担具体认证工作。

无公害农产品产地认定和产品认证属政府行为，归口农业管理部门。按照《无公害农产品管理办法》的规定，产地认定工作由省级农业行政主管部门负责组织实施，产品认证工作由质量安全中心具体负责。

根据认证工作的需要，遵循“择优选用、业务委托、合理布局、协调规范”的原则，紧紧依托国家和农业部已有的检测机构，建立遍布各省、覆盖全国的无公害农产品认证检测体系，即无公害农产品定点检测机构。至 2003 年 9 月 12 日，农业部农产品质量安全中心已委托了 69 家机构为无公害农产品定点检测机构。

(一)无公害农产品产地认定程序

各省、自治区、直辖市和计划单列市人民政府农业行政主管部门(以下简称省级农业行政主管部门)负责本辖区内无公害农产品产地认定(以下简称产地认定)工作。

申请产地认定的单位和个人(以下简称申请人)，应当向产地所在地县级人民政府农业行政主管部门(以下简称县级农业行政主管部门)提出申请，并提交以下材料：①《无公害农产品产地认定申请书》；②产地的区域范围、生产规模；③产地环境状况说明；④无公害农产品生产计划；⑤无公害农产品质量控制措施；⑥专业技术人员的资质证明；⑦保证执行无公害农产品标准和规范的声明；⑧要求提交的其他有关材料。

申请人向所在地县级以上人民政府农业行政主管部门申领《无公害农产品产地认定申请书》和相关资料，或者从中国农业信息网站下载获取。

县级农业行政主管部门自受理之日起30日内,对申请人的申请材料进行形式审查。符合要求的,出具推荐意见,连同产地认定申请材料逐级上报省级农业行政主管部门;不符合要求的,应当书面通知申请人。

省级农业行政主管部门应当自收到推荐意见和产地认定申请材料之日起30日内,组织有资质的检查员对产地认定申请材料进行审查。

材料审查不符合要求的,应当书面通知申请人。

材料审查符合要求的,省级农业行政主管部门组织有资质的检查员参加的检查组对产地进行现场检查。

现场检查不符合要求的,应当书面通知申请人。

申请材料和现场检查符合要求的,省级农业行政主管部门通知申请人委托具有资质的检测机构对其产地环境进行抽样检验。

检测机构应当按照标准进行检验,出具环境检验报告和环境评价报告,分送省级农业行政主管部门和申请人。

环境检验不合格或者环境评价不符合要求的,省级农业行政主管部门应当书面通知申请人。

省级农业行政主管部门对材料审查、现场检查、环境检验和环境现状评价符合要求的,进行全面评审,并做出认定终审结论。符合颁证条件的,颁发《无公害农产品产地认定证书》;不符合颁证条件的,应当书面通知申请人。

《无公害农产品产地认定证书》有效期为3年。期满后需要继续使用的,证书持有人应当在有效期满前90日内按照本程序重新办理。

(二)无公害农产品认证程序

农业部农产品质量安全中心(以下简称中心)承担无公害农产

品认证(以下简称产品认证)工作。

申请产品认证的单位和个人(以下简称申请人),可以通过省、自治区、直辖市和计划单列市人民政府农业行政主管部门或者直接向中心申请产品认证,并提交以下材料:①《无公害农产品认证申请书》;②《无公害农产品产地认定证书》(复印件);③产地《环境检验报告》和《环境评价报告》;④产地区域范围、生产规模;⑤无公害农产品的生产计划;⑥无公害农产品质量控制措施;⑦无公害农产品生产操作规程;⑧专业技术人员的资质证明;⑨保证执行无公害农产品标准和规范的声明;⑩无公害农产品有关培训情况和计划;⑪申请认证产品的生产过程记录档案;⑫"公司加农户"形式的申请人应当提供公司和农户签订的购销合同范本、农户名单以及管理措施;⑬要求提交的其他材料。

申请人向中心申领《无公害农产品认证申请书》和相关资料,或者从中国农业信息网站(www.agri.gov.cn)下载。

中心自收到申请材料之日起,应当在15个工作日内完成申请材料的审查。

申请材料不符合要求的,中心应当书面通知申请人。

申请材料不规范的,中心应当书面通知申请人补充相关材料。申请人自收到通知之日起,应当在15个工作日内按要求完成补充材料并报中心。中心应当在5个工作日内完成补充材料的审查。

申请材料符合要求,但需要对产地进行现场检查的,中心应当在10个工作日内做出现场检查计划并组织有资质的检查员组成检查组,同时通知申请人并请申请人予以确认。检查组在检查计划规定的时间内完成现场检查工作。

现场检查不符合要求的,应当书面通知申请人。

申请材料符合要求(不需要对申请认证产品产地进行现场检查的)或者申请材料和产地现场检查符合要求的,中心应当书面通知申请人委托有资质的检测机构对其申请认证产品进行抽样检验。

检测机构应当按照相应的标准进行检验，并出具产品检验报告，分送中心和申请人。

产品检验不合格的，中心应当书面通知申请人。

中心对材料审查、现场检查(需要的)和产品检验符合要求的，进行全面评审，在15个工作日内做出认证结论。符合颁证条件的，由中心主任签发《无公害农产品认证证书》；不符合颁证条件的，中心应当书面通知申请人。

《无公害农产品认证证书》有效期为3年。期满后需要继续使用的，证书持有人应当在有效期满前90日内按照本程序重新办理。

任何单位和个人(以下简称投诉人)对中心检查员、工作人员、认证结论、委托检测机构和获证人等有异议的均可向中心反映或投诉。

中心应当及时调查、处理所投诉事项，并将结果通报投诉人，并抄报农业部和国家认监委。

投诉人对中心的处理结论仍有异议，可向农业部和国家认监委反映或投诉。

中心对获得认证的产品应当进行定期或不定期的检查。

获得产品认证证书的，有下列情况之一的，中心应当暂停其使用产品认证证书，并责令限期改正。

第一，生产过程发生变化，产品达不到无公害农产品标准要求。

第二，经检查、检验、鉴定，不符合无公害农产品标准要求。

获得产品认证证书，有下列情况之一的，中心应当撤销其产品认证证书。

第一，擅自扩大标志使用范围。

第二，转让、买卖产品认证证书和标志。

第三，产地认定证书被撤销。

第四，被暂停产品认证证书未在规定限期内改正的。

获得无公害农产品认证证书的单位或者个人，可以在证书规定的产品、包装、标签、广告和说明书上使用无公害农产品标志。无公害农产品标志应当在认证的品种、数量等范围内使用。认证机构对获得认证的产品进行跟踪检查，受理有关的投诉、申诉工作。

农业部、国家质量监督检验检疫总局、国家认证认可监督管理委员会和国务院有关部门根据职责分工依法组织对无公害农产品的生产、销售和无公害农产品标志使用等活动进行监督管理。

第二章 国内外主要蛋用鸡品种

养鸡要盈利，首先要选择好品种，因为品种的遗传性能是决定生产性能的关键。有了一个适合本地区饲养的优良品种，再加上合理的营养供给、科学管理、有效的防疫以及正确预测市场需求，才能使蛋用鸡场的生产蒸蒸日上，立于不败之地。

现代商品蛋鸡都是在原来标准品种的基础上，通过培育专门化品系进行配套杂交而形成的杂优鸡。但是各个品种的蛋鸡，又都有其各自的优缺点。

一、蛋鸡配套系杂交鸡的形成

早期养鸡主要饲养标准品种，这类鸡种属于纯种，具有典型的体形外貌特征，尤其是羽色、冠型、体型十分一致。随着现代商业化养鸡生产的兴起，育成的新型鸡种不断增加，选种的重点发生了变化，育种专家由强调血统与外貌，转向以提高群体生产水平及一致性为目标。所以，对育种素材的选择要求更高，大部分因生产性能不高而未被利用，仅有少数几个标准品种具有很强的优势，在商业育种的激烈竞争中被广泛使用，并逐渐取得主导地位。如来航鸡的高产蛋量，成为育成蛋用型鸡广泛应用的基本育种素材，并随着现代育种业的发展，培育出许多商业配套系。而大量的标准品种因生产性能较差而未被利用，仅留少量的被作为遗传资源得到保护。

配套系是采用现代育种方法培育出的、具有特定商业代号的高产群体，也称为商用品系，有时在生产中也称为商业品种。配套系与标准品种是两个不同的概念。标准品种是经验育种阶段的产物,强调品种特征;而配套系则是现代育种的结晶,是对标准品种的继承和发展。蛋鸡配套系杂交鸡具有以下特征。

(一)突出的生产性能

现代蛋鸡育种的目标是全面提高其生产性能。为实现这一目标,在巨额资本投入的支持下,采用现代育种理论和先进的技术手段,使培育纯系(品系)的质量不断提高,并通过品系间杂交制种,使商品鸡具有很强的杂种优势。随着大型家禽育种公司推广种鸡的生产性能不断地进行遗传改良,目前,商品杂交蛋鸡的产蛋量等性能指标已远远超过原有的标准品种。如最好的白壳蛋鸡年产蛋量已超过300个,而其母源单冠白来航品种标准为220个左右。由于某些纯系的培育是采用合成的方法,这些纯系有时出现冠型不一致,有时羽毛上还出现杂色花斑等,只要不影响生产性能的提高,出现这些外貌的差异在现代商业鸡种是允许的。

(二)特有的商品命名

由于育种的商业化,各育种公司推出的鸡种已脱离了原来标准品种的名称,而改以育种公司的专有商标来命名,如海兰W-36和罗曼精选白来航。有的育种公司倒闭或被兼并后,原有纯系和配套系被其他公司收购,商业品种名称自然也随之改变,但其实质是相同的。

二、现代蛋鸡的分类

根据生产特点和蛋壳的颜色,现代商业蛋用鸡种一般分为白壳蛋鸡、褐壳蛋鸡和浅褐壳蛋鸡3种类型。

白壳蛋鸡全部来源于单冠白来航鸡变种,通过培育不同的纯系来生产两系、三系或四系杂交的商品蛋鸡。一般利用伴性快慢羽基因在商品代实现雏鸡自别雌雄。褐壳蛋鸡的育成要复杂一些,能利用伴性性状的遗传原理,常用羽色和快慢羽型组成专门的配套系,杂交后代的初生雏鸡能够自别雌雄。

褐壳蛋鸡主要的配套模式是以洛岛红(加有少量新汉夏血统)为父系,洛岛白或白洛克等带伴性银色基因的品种作为母系。利用横斑基因作自别雌雄时,则以洛岛红或其他非横斑羽型品种(如澳洲黑)作为父系,以横斑洛克为母系作为配套,生产商品代褐壳蛋鸡。

浅褐壳(或称粉壳)蛋鸡是利用轻型白来航鸡与中型褐壳蛋鸡杂交产生的鸡种。因此,用做现代白壳蛋鸡和褐壳蛋鸡的标准品种一般都可用于浅褐壳蛋鸡。目前主要采用的是以洛岛红型鸡作为父系,与白来航型母系杂交,并利用伴性快慢羽基因自别雌雄。

三、我国引进的主要配套系蛋用型鸡种

(一)白壳蛋鸡

产白壳蛋的商品杂交鸡,主要是以白来航品种为基础培育而成。是当今蛋用鸡的主要代表,在国内外饲养数量多,分布广。该类型鸡体型小,耗料少,开产早,产蛋量高,适应性强,适于集约化笼养管理(大规模养殖)。单位面积饲养密度大,效益较高。但是,白壳蛋鸡也有其不足之处,蛋重略轻,蛋壳较薄,神经敏感,抗应激性差及啄癖多。

1. 海兰白 由美国海兰国际蛋鸡育种公司培育而成。据测定,1~18 周龄存活率为 97%,饲料消耗 5.7 千克,18 周龄体重 1 280 克 ,产蛋率达到 50%的天数为 145 天左右,32 周龄时平均蛋重 56.7 克 ,70 周龄时平均蛋重 64.8 克 ,按入舍母鸡的产蛋数 298 ~315 个,按母鸡饲养日的产蛋数 305 ~ 325 个,高峰产蛋率 91% ~

94%。

2. 迪卡白 由美国迪卡公司育成的配套系杂交鸡。18周龄体重1 320克，20周龄1 425克，满36周龄以上为1 700克。育成期成活率96%，产蛋期存活率92%。育成期至18周龄饲料消耗6千克，育成期至20周龄7千克。19～20周龄开始产蛋，产蛋率达到50%的日龄为146天，产蛋高峰（超过94%）出现在28～29周龄。计算至60周龄产蛋量234个，至78周龄320个。平均蛋重61.7克。从19～72周龄平均每天每只耗料107克，饲料转化率（蛋料比）为1∶2.17，生产1个蛋耗料为133克。

3. 尼克白 由美国尼克国际（辉瑞）公司育成的配套杂交鸡。成活率0～18周龄为95%～98%；19～80周龄为88%～94%。产蛋率达到50%的日龄为154天，高峰期产蛋率89%～95%。每只入舍母鸡60周龄产蛋数220～235个；80周龄产蛋数315～335个。18～60周龄时蛋料比为1∶2.1～2.3；18～80周龄时为1∶2.13～2.35。标准体重18周龄时为1 261～1 306克，50周龄时为1 746～1 860克，80周龄时为1 792～1 882克。蛋重60周龄时平均为64克，80周龄时为65克。

4. 罗曼白 由德国罗曼公司培育而成，该鸡种达到50%产蛋率的日龄为148～154天，高峰产蛋率92%～95%，平均蛋重62.5克，按入舍的每只母鸡产蛋量（12个月）295～305个，1～18周龄每只鸡饲料消耗6～6.4千克，饲料转化率（蛋料比）为1∶2.1～2.3。20周龄体重1.3～1.35千克，产蛋末期体重1.75～1.85千克。育成期存活率96%～98%，产蛋期死淘率为4%～6%。

（二）褐壳蛋鸡

褐壳蛋鸡体型略大，由于杂交父系为红羽，母系为白羽，生产的商品代母鸡均为红色羽毛。这类鸡具有蛋重大、蛋壳厚的优点，但耗料量较多，蛋料比一般低于白壳蛋鸡。

1. 海兰褐 由美国海兰育种公司培育的配套系杂交鸡。生长期存活率97%,20~74周龄产蛋期存活率91%~95%。18周龄体重饱饲1.66千克,限量饲喂1.54千克。产蛋结束时(74周龄)体重2.2千克,产蛋率达50%时为156日龄,产蛋高峰出现在29周龄左右,高峰产蛋率91%~96%,80周龄产蛋率61%。18~80周龄按母鸡饲养日产蛋数299~318个,32周龄时平均蛋重60.4克,74周龄时66.9克,至18周龄(限量饲喂)的饲料消耗5.9~6.8千克,饲料转化率(蛋料比)1:2.5。

2. 罗曼褐 由德国罗曼公司培育的四系配套杂交鸡。生长期成活率96%~98%,产蛋期成活率94%~96%。达到50%产蛋率的日龄为150~156天;高峰产蛋率91%~94%,按入舍母鸡计算产蛋数290~300个,总产蛋量18.5~19.5千克,饲料转化率(蛋料比)为1:2.1~2.3。

3. 海赛克斯褐 由荷兰汉德克家禽育种有限公司培育的四系配套杂交鸡。生长期(0~18周龄)成活率97%,产蛋期每4周死淘率0.4%。18周龄体重1.4千克,产蛋期末体重2.25千克。产蛋率达50%的日龄为158天,平均产蛋率76%。产蛋率达80%以上的时间,可持续27周以上。至78周龄,入舍母鸡产蛋数平均299个,平均蛋重63.2克,平均耗料量每天每只115克,每只鸡至78周龄总耗料量46.6千克,蛋料比为1:2.39。

4. 伊莎褐 由法国伊莎公司培育的四系配套杂交鸡,是目前世界上优秀的高产褐壳蛋鸡之一。据测定,0~20周龄成活率97%,18周龄体重1.45千克,0~20周龄饲料消耗量7~8千克,20~80周龄存活率92.5%。高峰产蛋率92%,产蛋率50%的日龄为160天;按入舍母鸡产蛋数(80周龄)308个,产蛋总量19.22千克,平均蛋重62.55克,每日每只母鸡平均采食量115~120克,80周龄母鸡体重2.25千克,20~80周龄蛋料比为1:2.4~2.5。

第三章 蛋鸡无公害高效养殖环境的选择和场舍建设

一、蛋鸡无公害生产的环境选择与监控

(一)环境选择与监控的意义

选择一个良好的生产环境对于无公害鸡蛋生产意义重大,因为只有无有害物质污染的环境才能生产出无公害的产品。随着工业的快速发展,大量有毒物质进入自然界,污染环境。有人估计,全世界每年排入大气中的有毒气体量为6亿吨以上,其中粉尘1亿吨,二氧化硫1.46亿吨,一氧化碳2.2亿吨。每年约有1 000种以上的新化学物质进入环境。大气污染带来的损失为250亿美元。

残留在环境中的污染物质可通过食物链转移到人的体内。在转移过程中有一个逐级富集的过程。例如,一些剧毒农药在环境中分解极其缓慢,分解一半量的时间长达10~50年,散布大气中的滴滴涕和六六六等农药有机盐的浓度只有0.000 003毫克/千克,当溶入水中为浮游生物所吸收后,就能富集到0.04毫克/千克;这种浮游生物为小鱼所吞食后,小鱼体内的农药浓度就可增至0.5毫克/千克;小鱼再为大鱼所吞食后,大鱼体内的富集浓度可达2毫克/千克;若大鱼为水鸟所吞食,水鸟体内浓度可达25毫克/千克;人和动物若食用这种鱼或鸟,就有引起公害病的危险。

因此,必须选择无污染的良好的生产环境,并长期加以维护、监控,才能进行无公害鸡蛋的生产。

(二)蛋鸡无公害生产对水、土、气以及场外环境的要求

1. 土壤 土壤对鸡的直接影响,是通过土壤中的微量元素与微生物等起作用。如果土壤中含有有害物质,被鸡食入或与鸡的皮肤接触后会直接威胁鸡的健康。因而饲养户应当了解以往当地使用农药、化肥的情况,并采集土壤样品检测汞、铬、铅、砷、铬、硒、有机污染物、六六六、滴滴涕等。土壤中存在有害物质不但对地面平养的鸡有直接影响,而且会对蛋鸡场的水源造成污染。养鸡场的场地以选择在壤土或沙壤土地区较为理想。

2. 水 水是动物细胞的重要的结构成分,在调节体温、转运营养物质、排泄废物和润滑关节等方面起重要作用,并参与机体内的化学反应。水质的好坏,与鸡的健康、生产性能、胴体品质的关系密切。因此,必须注意饮水水质。水外观要求清澈,无色无味。悬浮物如淤泥、粘土、水藻或有机物可造成浑浊,水浑浊则说明受到污染。如果水为棕红色或蓝色则为水中污染了铜,如果有臭鸡蛋味则说明含有硫化氢。水中铁含量过高,超过0.3~0.5毫克/升,易使禽蛋和禽肉呈现黑色。水中钠、氯过高,鸡饮水增多,导致垫料潮湿,当含量大于200毫克/升,易影响鸡食欲和导致腹泻。水中硫酸盐、磷酸盐、硝酸盐及亚硝酸盐过高也可引起蛋鸡腹泻和产生中毒。此外,铁、钙过多,还易引起饮水设备堵塞,因而要求水中总可溶盐分(TDS)不能超标。

水中含有铅、汞、砷等重金属,有机农药、氰化物等有毒物,大肠杆菌等微生物、寄生虫卵和有机物腐败产物等,引起水的污染,危害蛋鸡和鸡蛋的食用安全。因而,饲养蛋鸡所用的水必须符合无公害食品畜禽饮用水水质标准(表3-1)。

表 3-1 畜禽饮用水水质标准

项目		标准值	
		畜	禽
感官性状及一般化学指标	色(°)	不超过30°	
	浑浊度(°)	不超过20°	
	嗅和味	不得有异臭、异味	
	肉眼可见物	不得含有	
	总硬度(以 $CaCO_3$ 计毫克/升)	≤1500	
	pH值	5.5~9	6.4~8
	溶解性总固体(毫克/升)	≤4000	≤2000
	氯化物(以 Cl^- 计毫克/升)	≤1000	≤250
	硫酸盐(以 SO_4^{2-} 计毫克/升)	≤500	≤250
细菌学指标	总大肠菌群(个/100mL)	成年畜≤10,幼畜和禽≤1	
毒理学指标	氟化物(以 F^- 计毫克/升)	≤2	≤2
	氰化物(毫克/升)	≤0.2	≤0.05
	总砷(毫克/升)	≤0.2	≤0.2
	总汞(毫克/升)	≤0.01	≤0.001
	铅(毫克/升)	≤0.1	≤0.1
	铬(六价毫克/升)	≤0.1	≤0.05
	镉(毫克/升)	≤0.05	≤0.01
	硝酸盐(以N计毫克/升)	≤30	≤30

养鸡场选择水源有以下原则。

(1)水质良好　若水源的水质不经处理就能符合饮用水标准是最为理想的。但除了以集中式供水作为水源外,一般就地选择的水源很难达到规定的标准。因此,必须经过净化消毒,达到畜禽饮用水水质标准后才能使用。

(2)水量充足　水源能满足场内生产与生活用水,并考虑到防火和未来发展的需要。

(3)便于防护　水源周围的环境卫生条件应较好,以保证水源水质经常处于良好状态。

(4)取用方便　设备投资少,处理技术简便易行。

养鸡场就地自行选用的水源一般有两大类,即地面水与地下水。地面水主要由降水或地下泉水汇集而成,河溪、湖泊和池塘水等属地面水,其水质和水量极易受自然环境、工业废水、生活污水的污染,故供饮用的地面水一般需要经人工净化和消毒处理,达到标准才能使用。地下水是降水和地面水经过地层的渗滤作用贮积而成,水量、水质都比较稳定,因此是较好的水源。但需注意,由于浅层土壤易受到周围的污染,例如农田化肥、农药及养殖场排泄物,容易导致水中含有过高的有毒有害物、甚至有过量的大肠杆菌,故浅井水不能作为蛋鸡饮用水。

3. 气　空气质量对蛋鸡生产有重要影响,如果蛋鸡的生存环境中一氧化碳、尘埃、病原微生物等成分过多,不仅容易使蛋鸡发病率提高,而且影响蛋鸡的生长、生产性能。

因此,要保证蛋鸡的饲养环境。首先应选择在地势高燥、采光充足和排水良好,向阳通风,隔离条件好的区域建场。鸡场周围3千米内无大工厂、矿场,避免工矿产生的一氧化碳、尘埃带来污染,保证场区的空气质量符合 GB 3095 大气质量三级标准(表 3-2)。

表 3-2　大气三级标准污染物浓度限值　(单位:毫克/米^3)

污染物	总悬浮微粒	飘尘	二氧化硫	氮氧化物	一氧化碳	光化学氧化剂
日平均	0.5	0.25	0.25	0.15	6.00	0.20
任何一次	1.50	0.70	0.70	0.30	20.00	

4. 场外环境　一方面要遵循社会公共卫生准则,使鸡场不致成为周围社会的污染源;同时,鸡场也要不受周围环境所污染。生

产区周围设置围墙,围墙高度一般不低于2.5米,使生产区与相邻的工业区或附近的居民区隔开,形成一个独立的可控制的区域。

第一,鸡场距其他畜牧场至少1千米以上,避免这些场地的病原微生物感染。

第二,村、镇居民区散养鸡群多,容易导致鸡群疫病传播,不利于鸡场鸡群防病。养鸡场与附近居民点的距离一般需1千米以上,如果处在居民点的下风向,则应考虑距离不应小于2千米。

第三,为防止污染,养鸡场与各种化工厂、畜禽产品加工厂等的距离应不小于3千米,应远离兽医站、屠宰场、集市等传染源,而且不应处在这些工厂或单位的下风向。鸡舍要尽量选择在整个地区的上风头,同时要考虑周围地块内庄稼、蔬菜等喷药时对蛋鸡的影响。这些化学合成物质通过空气或地面污染舍内蛋鸡,并对鸡群健康造成危害。

此外,选址时还要考虑地势、交通运输、供电和通信等问题。

(1)地势　养鸡场场地应当地势高燥,至少高出当地历史洪水线1米以上。地下水位应在2米以下,远离低洼、沼泽地区与盆地。地势要向阳避风,地面要平坦而稍有坡度(坡度以1%~3%为宜),以便排水。地形要开阔整齐,便于鸡场内各种建筑物的合理布置。还要避开坡底与风口,有条件的还应对其地形进行勘探,断层、滑坡和塌方的地方不宜建场。考虑到价格及生物安全因素,一般向阳山坡地和荒地为首选。另外,应考虑到可利用面积,结合总体规划,综合衡量。

(2)交通运输　蛋鸡场所在地应交通方便。因为鸡蛋是易碎产品,必须考虑路途远近和路况因素,饲料的运输问题也应考虑。鸡场与国道、省际公路距离至少1 000米,与省道、区际公路的距离至少要在300~400米,一般道路可近一些。要有道路与公路相连。

(3)供电与通信　养鸡场电力供应要充足,应靠近输电线路,以尽量缩短新线敷设距离。最好有双路供电的条件,若无此条件,鸡场要有自备电源以保证场内稳定的电力供应。尽量靠近邮电通信等公用设施,以便于对外联系。

考虑到场址一旦选定,不易改变,选择鸡场的环境更应慎重。在选择场址时,应对所在地的地质环境、土地使用情况、水源情况、周围的单位、企业和村镇情况等进行详细的了解,并加以评估,符合建场条件,才可确定。

二、鸡场的建设

(一)鸡场的总体平面布局与综合规划

1. 总体平面布局 鸡场的总体平面布局,一般应分为生活区、行政区、生产区和隔离区。因此,布局上既要考虑卫生防疫条件,各区要严格分开,又要照顾各区间的相互联系。要着重解决主风向(特别是夏、冬季的主导风向)、地形和各区建筑物的距离。场内各类建筑物的安排,应根据地势的高低和主导风向来考虑。规划原则是:人、鸡、污,以人为先,污为后的排列顺序。育雏区布置在上风向,产蛋鸡舍安排在偏下风向,育雏、育成区域与蛋鸡饲养区域最好设置一定宽度的隔离带。死鸡、粪污处理设施应安排在下风向。

生产区是鸡场建设的主体,应予慎重考虑。例如,某地区的主导风向为南风,鸡场设立在南向坡地,则鸡舍的前后布局为从南至北,按孵化室、育雏舍、育成鸡舍、蛋鸡舍等顺序设置。这就能避免成年鸡舍排出污浊的空气污染育成鸡舍与雏鸡舍。这种布局方案,应将行政区设在与风向平行的一侧;生活区则设在场外,或在与风向平行的行政区之后(图 3-1)。

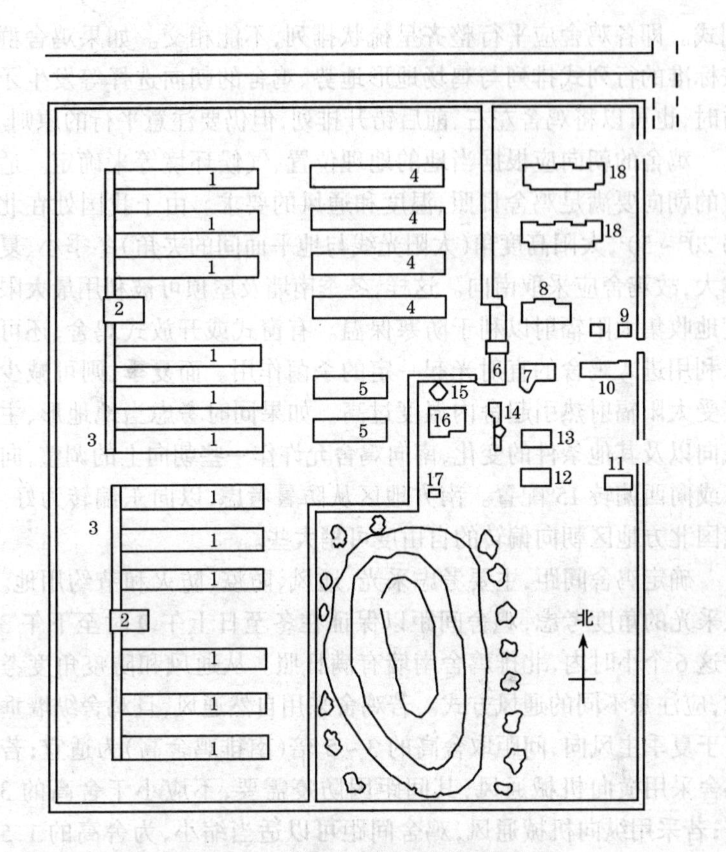

图 3-1 某蛋鸡场的平面布局示意图

1.蛋鸡舍 2.集蛋间 3.集蛋走廊 4.育成鸡舍 5.育雏舍 6.消毒间 7.食堂 8.办公室 9.传达室 10.车库 11.配电间 12.病禽急宰间 13.机修间 14.鸡笼消毒间 15.水塔 16.锅炉房 17.水井 18.职工宿舍

(引自《家禽学》,邱祥聘主编)

2.鸡舍的排列、朝向与间距 鸡舍排列的合理与否关系到场区小气候,鸡舍的光照与通风,道路和管线铺设的长短,场地的利用率等。一般横向成排(东西方向),纵向成列(南北方向),称为行列式。即各鸡舍应平行整齐呈梳状排列，不能相交。如果鸡舍群按标准的行列式排列与鸡场地形地势、鸡舍的朝向选择等发生矛盾时，也可以将鸡舍左右、前后错开排列，但仍要注意平行的原则。

鸡舍的朝向应根据当地的地理位置、气候环境等来确定。适宜的朝向要满足鸡舍日照、温度和通风的要求。由于我国处在北纬20°～50°，太阳高度角（太阳光线与地平面间的夹角）冬季小、夏季大，故鸡舍应采取南向。这样，冬季南墙及屋顶可被利用最大限度地收集太阳辐射以利于防寒保温。有窗式或开放式鸡舍，还可以利用进入鸡舍的直射光起一定的杀菌作用。而夏季，则可减少接受太阳辐射热引起舍内温度过高。如果同时考虑当地地形、主风向以及其他条件的变化，南向鸡舍允许作一些朝向上的调整，向东或向西偏转15°配置。南方地区从防暑考虑，以向东偏转为好。我国北方地区朝向偏转的自由度可稍大些。

确定鸡舍间距，主要考虑采光、通风、防疫、防火和节约用地。从采光的角度考虑，鸡舍间距以保证在冬至日上午9时至下午3时这6个小时内，北排鸡舍南墙有满日照。从通风和防疫角度考虑，应注意不同的通风方式。若鸡舍采用自然通风，且鸡舍纵墙垂直于夏季主风向，间距取舍高的3～5倍（南排鸡舍高）为适宜；若鸡舍采用横向机械通风，其间距因防疫需要，不应小于舍高的3倍；若采用纵向机械通风，鸡舍间距可以适当缩小，为舍高的1.5倍即可。从防火角度考虑，按国家规定，采用8～10米的间距。综合几种因素的要求，鸡舍间距为舍高的3～5倍（南排鸡舍高）时，可以基本满足各方面的要求。

3. 场内的道路与排水 生产区的道路应区分为运送饲料、产品和用于生产联系的净道，以及运送粪便污物、病禽、死鸡的污道。生产区内污道、净道严格分开，净道与污道决不能混用或交叉，以利于卫生防疫。物品只能单方向流动，场外的道路决不能与生产区的道路直接连接。场前区与隔离区应分别设与场外相通的道路。场内道路应不透水,路面断面的坡度一般场内为1%～3%。路面材料可根据具体条件修成柏油、混凝土、砖、石或焦渣路面。道路宽度根据用途和车宽决定。生产区的道路一般不行驶载重车,但应考虑火警等情况下车辆进入生产区时对路宽、回车和转弯半径的需要。各种道路两侧,均应留有绿化和排水明沟所需地面。

场内的排水设施是为排出雨、雪水,保持场地干燥、卫生。为减少投资,一般可在道路一侧或两侧设明沟,沟壁、沟底可砌砖石,也可将土夯实做成梯形或三角形断面,再结合绿化护坡,以防塌陷。如果鸡场场地本身坡度较大,也可以采取地下水沟用砖、石砌筑或用水泥管排水,但不宜与舍内排水系统的管沟通用,以防泥沙淤塞影响舍内排污及加大污水净化处理负荷,并防止雨季污水池外溢,污染周围环境。隔离区要有单独的下水道,将污水排至场外的污水处理处。

(二)鸡舍的类型

包括鸡舍整体结构类型和鸡舍地面类型。

1. 鸡舍整体结构类型的选择 鸡舍整体结构类型基本上分为开放式鸡舍、密闭式鸡舍与开放密闭兼用型3种。

(1)开放式鸡舍 开放式鸡舍有窗户,靠自然的空气流通来通风换气。因为鸡舍内的采光是依靠窗户进行自然采光,故昼夜的时间长短随季节的转换而变化,舍内的温度基本上也是随季节的转换而升降。

开放式鸡舍按屋顶结构的不同,通常分为单坡式鸡舍、双坡式鸡舍、钟楼式鸡舍、半钟楼式鸡舍、拱式鸡舍和双坡歧面式鸡舍6种(图3-2)。

①单坡式鸡舍 跨度小,多带运动场,适于小规模养鸡,环境条件易受自然条件的影响。

②双坡式鸡舍 跨度大,适宜大规模机械化养鸡,舍内采光和

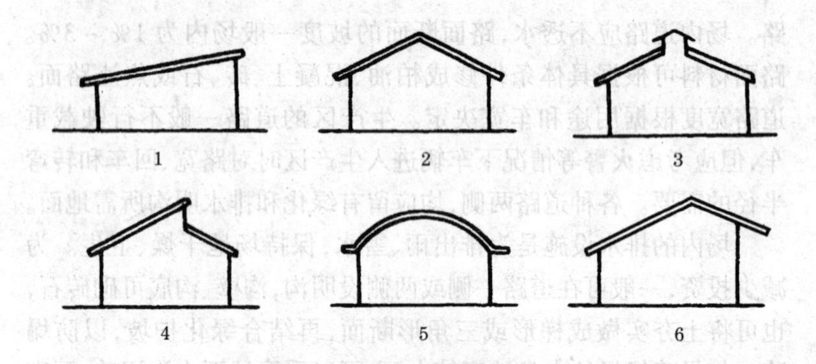

图 3-2　鸡舍屋顶式样示意图

1.单坡式　2.双坡式　3.钟楼式　4.半钟楼式
5.拱式　6.双坡歧面式

通风稍差。

③钟楼式鸡舍或半钟楼式鸡舍　通风和采光较双坡式好，但造价稍高。

④拱式鸡舍　造价低，用材少，屋顶面积小。适宜缺乏木材、钢材的地方。

⑤双坡歧面式鸡舍　采光条件好，弥补了双坡式的不足，适用于北方寒冷地带。

开放式鸡舍的优点是造价低、投资少。设计、建材、施工工艺与内部设置等条件要求较为简单，鸡体由于经受自然条件的锻炼，能经常活动，适应性较强，对饲料的要求不严格；在气候较为暖和、全年温差不太大的地区，采用开放式鸡舍养鸡，可使鸡群获得较好的生产性能。我国南方一些小型养鸡场或家庭式专业养鸡户，往往采用这种类型的鸡舍。

开放式鸡舍的缺点是：外界的自然条件对鸡的生产性能有很大的影响，生产的季节性极为明显，不利于均衡生产和保证市场的正常供给；鸡体可通过昆虫、野禽、土壤和空气等各种途径感染较多的疾病；占地面积大，用工较多等。

(2)密闭式鸡舍(无窗鸡舍) 这种鸡舍一般无窗,而完全密闭,屋顶和四壁隔温良好。鸡舍内采用人工通风与光照。通过调节通风量的大小和速度,在一定范围内控制鸡舍内的温度和相对湿度。夏季炎热时,可通过加大通风量或采取其他降温措施;寒冷季节一般不专门供应暖气,而是靠鸡体本身的热量散发,使舍内温度维持在比较适宜的范围之内。

密闭式鸡舍的优点是:可以消除或减少严寒酷暑、狂风、暴雨等一些不利的自然因素对鸡群的影响,为鸡群提供较为适宜的生活、生产环境;四周的密闭,基本上可杜绝由自然媒介传入疾病的途径;进行人工光照,有利于控制鸡的性成熟和刺激产蛋,也便于对鸡群实行诸如限制饲喂、强制换羽等措施;采用人工通风和光照,鸡舍间的间距可以缩小,从而能节约土地面积;鸡体活动受到限制和在寒冷季节鸡体热量散发的减少,因而饲料报酬有所提高。我国北方地区一些大型工厂化养鸡场往往采用这种类型的鸡舍。

密闭式鸡舍的缺点是:建筑与设备投资高,要求较高的建筑标准和较多的附属设备;鸡群因为得不到阳光的照射,且接触不到土壤,所以要供给全价饲料,以保证鸡体获得全面的营养物质;因为饲养密度高,鸡只彼此互相感染疾病的机会大为增加,所以要采取极为严密、效果良好的消毒防疫措施,确保鸡群健康;因为通风、照明、饲喂与饮水等全部依靠电力,所以必须有可靠的电源,否则遇有停电,会对养鸡生产造成严重的影响。

(3)开放密闭兼备式鸡舍 这种鸡舍兼具开放与封闭两种类型的特点。这种鸡舍的南墙和北墙设有窗户,作为进风口,通过开窗来调节鸡舍内的环境。在气候温和的季节依靠自然通风;在气候不利的情况下,则关闭南北墙的窗户,开启一侧山墙的进风口,并开动另一侧山墙上的风机进行纵向通风。这种鸡舍鸡能充分利用自然资源(阳光和风能),能在恶劣的气候条件下实现人工调控,在通风形式上实现横向、纵向通风相结合,因此兼备了开放与密闭鸡舍的双重功能。这种鸡舍在建筑上一定要选择封闭性能好的窗子,以防造成机械通风时的短路现象。我国中部甚至华北的一些地区可采用此类鸡舍。

2. 鸡舍地面类型

(1)全垫料地面 这种地面全部铺以厚约20厘米的垫料,垫料要经常更换。这种地面可以养雏鸡、育成鸡或蛋鸡。但饲养密度较低,鸡较易患寄生虫病,蛋较脏。

(2)全条板或全塑料网片地面 这种地面是在离地面50~60厘米高处全部铺设条板或塑料网,条板宽度2.5~5厘米,条板间隙约为2.5厘米。用塑料网片时网面一定要铺得平整。可以饲养蛋用型雏鸡、育成鸡或蛋用型种鸡。优点是饲养密度比垫料地面高。

(3)条板-垫料混合地面 这是1/3垫料和2/3条板的混合地面。这种地面尤其适于饲养肉用种鸡,全世界广泛采用。也可用于饲养育成鸡。饲养量比全垫料地面多20%左右。有的不用条板而用焊接金属网,但焊接金属网饲养效果不够理想。

3. 各龄鸡舍建造的基本要求

(1)育雏舍 育雏舍是养育从出壳到8周龄雏鸡专用的鸡舍。由于育雏需要保温,所以育雏舍的建造与其他鸡舍不同,总的要求是有利于保温、通风向阳、便于操作管理、房舍严密、防止鼠害等。因此,墙壁要厚,房顶应铺保温材料,门窗要严。既有利于保温,又要通风良好,要二者兼顾。

(2)育成舍 育成舍是养育9~18周龄鸡专用的鸡舍。育成鸡增重快,活动量大,要求有足够的活动面积。

(3)商品蛋鸡舍 总的要求是,坚固耐用,操作方便,小环境好,而且成本低。

4. 定型鸡舍建筑介绍

(1)复合聚苯板组装式拱形鸡舍 该鸡舍采用轻钢龙骨架拱

形结构，选用聚苯板及无纺布为基本材料，经防水强化处理后的复合保温板材做屋面与侧墙材料，这种材料隔热保温性能极强，导热系数仅为0.033～0.037，是一般砖墙的1/15～1/20，既能有效地阻隔夏季太阳能的热辐射，又能在冬季减少舍内热量的散失。两侧为窗式通风带，窗仍采用复合保温板材。当窗完全关闭时，舍内完全封闭，可以使用湿帘降温纵向通风或暖风炉设备控制舍内环境。当窗同时掀起时，舍内成凉棚状，与外界形成对流通风环境，南北侧可以横向自然通风，自然采光，节约能源与费用，具有开放式鸡舍的特点。所以，该鸡舍属于开放—封闭兼用型鸡舍，可以适应外界环境的变化而改变状态。

鸡舍建筑投资包括基础、地圈梁、龙骨架、屋面和通风窗五大部分，属于组装式轻型结构。建材主要为钢材、复合保温板、水泥、粘土和少量砖块。由于复合聚苯板质轻、价廉、耐腐蚀、保温性能好，因而降低了投资造价，降低了鸡的饲养成本，增强了鸡场的市场竞争力。鸡舍结构简单，组装式，建场工期短、见效快，有利于加快资金周转。通风、调温、照明皆可利用外界的自然能源。

(2)大棚鸡舍　大棚鸡舍一般有两种类型。第一种类型的大棚鸡舍通常坐北朝南，跨度为8～10米，东、北、西三面有高约1.5米的砖墙围护，墙壁较厚，墙上安装较多的窗户。鸡舍南壁为开放型，由间距相等的大木窗和壁垛连成，木窗上覆有半透明的塑料膜，既可保温，又可通风。鸡舍的顶部基本上是单坡式的，用较长的竹竿和粗铁丝构成一个平面支架，支架上覆盖1～2层塑料膜，上盖草苫作为隔热层。这种棚舍造价较低，能够利用自然光照和自然通风；缺点是保温隔热的能力较差。在注意保持舍温相对稳定的同时，要进行通风，防止潮湿和有害气体浓度过高。

另一种类型大棚鸡舍为竹木结构的塑料大棚。

大棚建造材料需塑料薄膜（最好选较厚的长寿膜）、竹竿、木立柱，缆绳（最好选聚丙烯细绳）、麦秸、稻草或杂草。要求棚东西向两侧打山墙，墙中间留门，门上留通气孔。冬季和早春背阴面全部盖约15厘米厚的麦秸或稻草，里面衬薄膜，棚周围挖排水沟。如建20米长、跨度5米的大棚。施工时，用直径2厘米以上、长4.5米的竹竿2根，弯成弧形，连接处用塑料绳扎紧，两拱间隔70厘米，全拱棚由6根纵向竹竿支成棚架，顶部2根，左右各2根，纵横竿用铁丝扎紧，形成一个整体，为使整个棚架牢固，每拱下有一"Y"字形立柱支撑，并扎紧固定牢固。盖膜选无风天气，薄膜按长21米，宽7米规格粘好，粘接时将两块薄膜片各5厘米左右处，铺上报纸，用电熨斗粘结，直接搭在棚架上。薄膜外压上竹排(也可用别的材料，如用向日葵秆、高粱秆等制成排)，盖10厘米厚的麦秸(稻草、杂草也可)，再在草上压同样竹排，竹排两端伸出拉绳，将拉绳分别固定在棚两边的地锚上。竹排制作，可选直径1厘米以上的细竹竿，间隔10厘米左右，用细尼龙绳(聚丙烯)扎紧。拉绳长5米，终端将尼龙绳伸出牵头，再将牵头固定在地锚上。

(3)*闲置的农村住房*　闲置的民房经适当改造可作为蛋鸡舍。但这种房屋通风差，空间有限，生产规模小，不利于防疫，少量饲养的农户可利用这些房屋，必要时加以改造。旧房屋一般通风较差，可将窗户扩大放低，以增加通风量和采光面，尽可能在前后墙都设窗户，可将屋顶改造成钟楼式，并装上可以开启的小门。

开放式、封闭式及开放封闭兼备式均可饲养不同阶段的蛋鸡，都可采用平养和笼养的方式，也都能获得较高的生产水平。

(三)饲养设备的配置

1. 鸡笼　目前一般较大规模的蛋鸡场基本上采用笼养，笼养产蛋鸡的鸡笼配置有以下几种类型：①叠层式；②全阶梯式；③半阶梯式；④阶梯叠层综合式；⑤单层平置式(图3-3)。

选用各种类型时，应配合建筑形式，并考虑鸡的饲养阶段、饲养密度、除粪和通风换气设施等之间的关系。下面就蛋鸡的不同

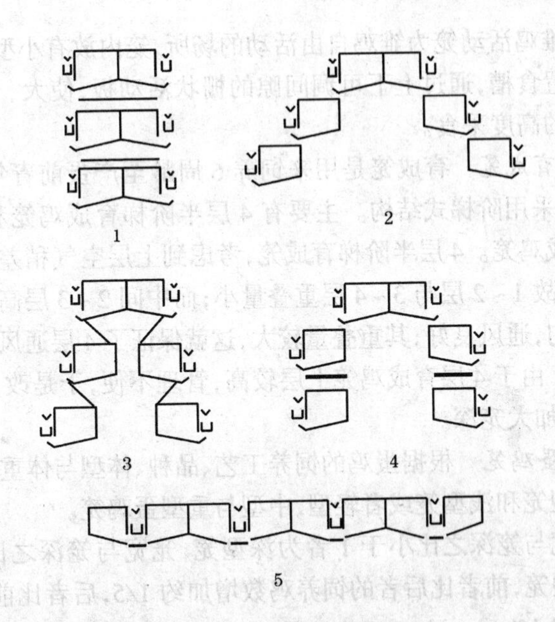

图 3-3 鸡笼配置的类型

1.叠层式 2.全阶梯式 3.半阶梯式 4.阶梯叠层综合式 5.单层平置式

饲养阶段的选用笼具作一简单介绍。

(1)育雏笼

①普通育雏笼 常用的有4层或5层式叠层结构,整个笼组用镀锌铁丝网片制成,由笼架固定支撑,每层笼间设承粪板,间隙50~70毫米,笼高330毫米。

②叠层式电热育雏笼 是一种有热源的雏鸡饲养设备,适用于1~6周龄雏鸡使用。电热育雏笼为4层叠层式结构,每层由加热笼、保温笼和雏鸡活动笼三部分组成。加热笼每层顶部装有远红外加热板或加热管,承粪盘下部装有1个辅助电热管,笼内温度由控制仪自动控制,侧壁用板封闭以防热量散失。笼内有照明灯和加湿槽,设有可调风门和观察窗。笼底采用涂塑的金属网。保温笼是从加热笼到运动笼的过渡笼,无加热源,外形与加热笼基本

相同。雏鸡活动笼为雏鸡自由活动的场所,笼内放有小型饮水器,笼外放置食槽,通过上下可调间隙的栅状活动板,使大、小鸡都可在合适的高度采食。

(2)育成笼　育成笼是用来饲养6周龄至产蛋前青年蛋鸡的笼具,常采用阶梯式结构。主要有4层半阶梯育成鸡笼和2层半阶梯育成鸡笼。4层半阶梯育成笼,考虑到上层空气稍差,下层光线较暗,故1~2层与3~4层重叠量小;而中间2~3层高度适中,光照均匀,通风良好,其重叠量较大,这就保证了4层通风、光照的均匀性。由于4层育成鸡笼上层较高,管理不便,于是改4层为2层,并且加大笼深。

(3)蛋鸡笼　根据蛋鸡的饲养工艺、品种、体型与体重的不同,分为深型笼和浅型笼或者轻型、中型与重型蛋鸡笼。

笼宽与笼深之比小于1者为深型笼,笼宽与笼深之比大于1者为浅型笼,前者比后者的饲养鸡数增加约1/5,后者比前者的产蛋率高约4%。

蛋鸡笼的结构类型较多,有半阶梯式、全阶梯式和叠层式。全阶梯式蛋鸡笼有2层、3层和4层之分,其特点是上下层鸡笼错开排列,无重叠或有小于50毫米少量重叠,各层的鸡粪可直接落入粪沟。该种笼具既适用于家庭养鸡,也可以组装起来,配套装上供料喂料设备、鸡蛋捡拾装置和清粪设备等,组成不同规模的机械化工厂养鸡。为了提高饲养密度(半阶梯式,30只/米^2;全阶梯式,23只/米^2),蛋鸡饲养者逐渐转用半阶梯式笼具或者叠层式笼具。采用半阶梯与叠层笼具,除了具备鸡笼、笼架、食槽和水槽外,还需配备承粪板,叠层笼具层次可分为3~8层。

2. 供料设备　喂料可分为人工喂料和机械喂料。人工喂料劳动强度大,容易撒落饲料造成浪费。有条件的,最好采用机械喂料。机械喂料主要包括料塔和上料输送装置、饲槽和喂料机三部分。

(1)料塔和上料输送设备　国内生产的料塔有 9TZ－2 型料塔,9SHZ－2 型横向弹簧输料机。9TZ－2 型料塔适用于贮存鸡用干粉状配合饲料,并与输料机配套向鸡舍内输送。

(2)饲槽　饲槽主要有几种形式,如开食盘、条形食槽和吊桶式自动圆形食槽。

①开食盘　适用于雏鸡饲养,有方形、圆形等不同形状。面积大小视雏鸡数量而定,一般为 60～80 只/个。圆形开食盘直径为 350 毫米或 450 毫米。

②条形食槽　条形食槽是盛鸡料的主要饲养用具。条形食槽应表面光滑平整,采食方便,不浪费饲料,鸡不能进入食槽,便于拆卸清洗消毒。制作食槽的材料可选用木板、竹筒、镀锌板及塑料等。普通料槽的槽口两边向内弯 1～2 厘米,或加木棍一根,以防鸡啄食时将饲料勾出。中央装一个能自动滚动的圆木棒,防止鸡进入和栖息,污染饲料(图 3-4)。

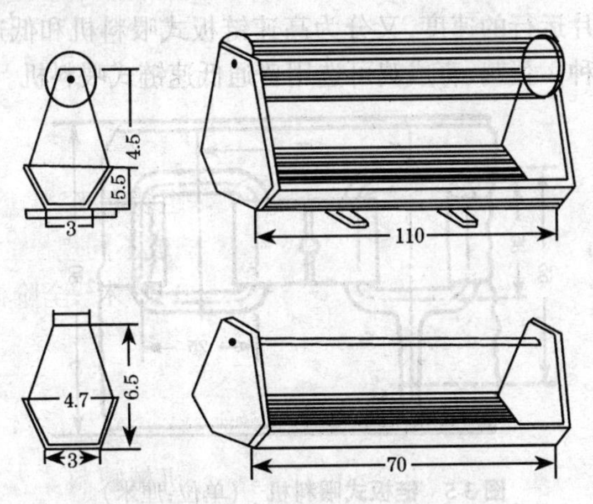

图 3-4　鸡的木制食槽式样　(单位:厘米)

③吊桶式自动圆形食槽　也称料桶,适用于平养育成鸡。它的特点是一次可添加大量饲料,贮存于桶内。对于育成鸡,要根据

体重情况,按标准给料。料桶材料一般为塑料和玻璃钢,容重3～10千克。容量大,可以减少喂料次数,减少对鸡群的干扰,但由于布料点少,会影响鸡群采食的均匀度;容量小,布料点和喂料多,可刺激食欲,有利于增重。

(3)喂料机　喂料机目前采用比较多的有链板式、索盘式和螺旋弹簧式等多种形式。平养时,食槽的大小和高度应根据鸡的大小而定,一般应备有大、中、小3种规格,分别用于不同的生长阶段。每只鸡应占有食槽的长度,2～4周龄4厘米,5～10周龄5～6厘米,11～12周龄7～8厘米。食槽的高度以食槽边缘高度高出鸡背0～5厘米为宜。

①链板式喂料机　是自动供料的一种喂料设备(图3-5),由驱动器和链轮带动链片传输饲料,将料箱中的饲料均匀地输送到料槽中,并将多余的饲料带回料箱。可用于平养或笼养。链式喂料机是一种循环旋转的喂料系统,还配有链转角轮、清洁器等部件。按喂料链片运行的速度,又分为高速链板式喂料机和低速链板式喂料机两种。蛋鸡、育成鸡可选用普通低速链式喂料机。

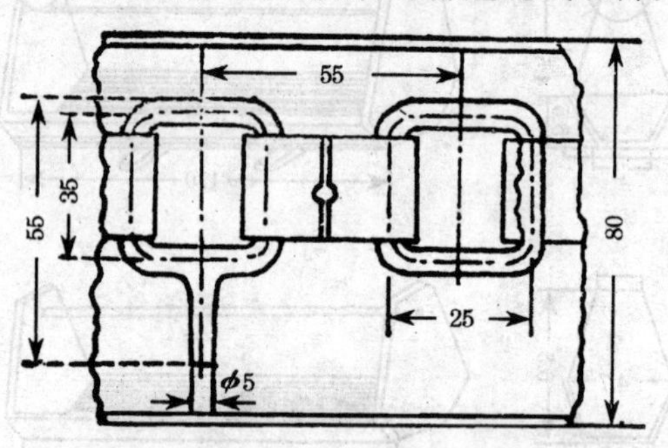

图3-5　链板式喂料机　(单位:厘米)

②螺旋式喂料机　普遍用于平养,整套系统包括贮料塔、盛料箱、驱动器、圆形料槽和手摇绞车等(图3-6)。

螺旋式喂料机的构造,由输料管、推送螺旋和驱动器3个主要

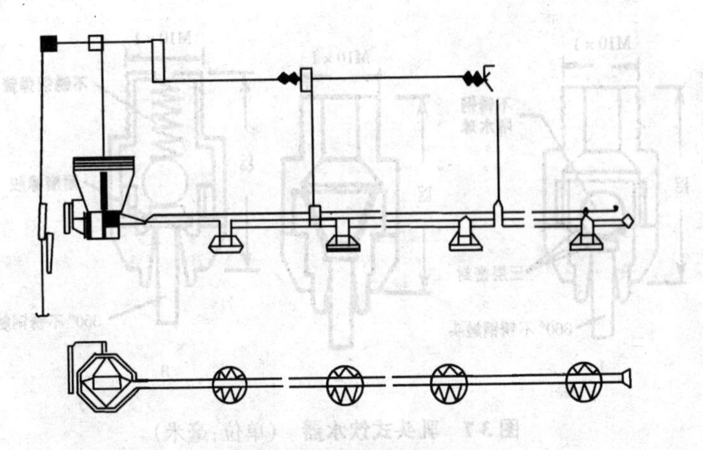

图 3-6 螺旋式喂料机

部件组成,输料管为输送饲料管道,推送螺旋供推送饲料用,饲料由舍外贮料塔先输送至舍内盛料箱,再由盛料箱分送到各料盘里,两个工序均用螺旋式输送机分别完成。

3. 供水设备 规模化养鸡应安装可靠的自动饮水设备。一个完备自动饮水设备包括过滤、减压、消毒和软化装置,饮水器及其附属的管路等。其作用是随时都能供给鸡充足、清洁的饮水,满足鸡的生理要求。但是软化装置投资大,设备复杂,一般难以达到很理想的程度,可以根据当地水质硬度情况给以灵活安排。

下面着重介绍常用的饮水器。目前常用的饮水器有乳头式、杯式、水槽式和吊塔式等。

(1)乳头式饮水器 分为球面、锥面和平面密封型三大类(图3-7)。设备利用毛细管原理,使阀杆底部经常保持挂有一滴水,当鸡啄水滴时便触动阀杆顶开阀门,水便自动流出供其饮用。平时则靠供水系统对阀体顶部的压力,使阀体紧压在阀座上,防止漏水。乳头式饮水器适用于2周龄以上雏鸡或成鸡供水。

(2)杯式饮水器 杯式饮水器由杯体、杯舌、销轴和密封帽等组成(图3-8),它安装在供水管上。杯式饮水器有雏鸡用和成鸡用

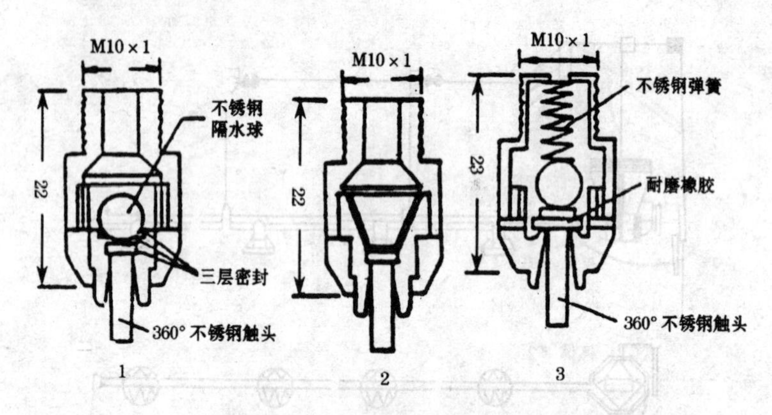

图 3-7　乳头式饮水器　(单位:毫米)

1. 球面乳头饮水器　2. 锥面乳头饮水器

3. 平面密封型乳头饮水器

两种,雏鸡用的杯体较窄,只有29毫米宽,168毫米长,成鸡用杯体宽42.5毫米,长154毫米。杯式饮水器供水可靠,不易漏水,耗水量小,不易传染疾病。主要缺点是鸡饮水时易将饲料残渣带进杯内,需要经常清洗,清洗比较麻烦。水杯的安装高度应按不同鸡种、鸡龄确定,成鸡的水杯一般离网底200~250毫米,雏鸡水杯离网底50~80毫米。

(3)长条形饮水器　即水槽式饮水器。可用竹、木、铁皮、塑料、水泥和陶瓷等多种材料制成。其断面一般呈"V"字形、"U"字形等。尺寸可随鸡的生长阶段不同而不同,一般槽高5厘米,槽宽6厘米。农村养鸡专业户也可用竹筒制作,也可采用旧的脸盆、塑料盘及瓦钵,上面架设由细竹竿围成的锥形竹圈,鸡只能从竹子间隙中伸头饮水,身体却不能进入里面。适用于青年鸡和成年鸡。

(4)塔式真空饮水器　由一个上部呈馒头形或尖顶的圆桶,与下面的一个圆盘组成(图3-9)。圆桶顶部和侧壁不漏气,基部离底盘高2.5厘米处开1~2个小圆孔。圆桶盛满水后,当底盘内水位低于小圆孔时,空气由小圆孔进入桶内,水就会自动流到底盘;当

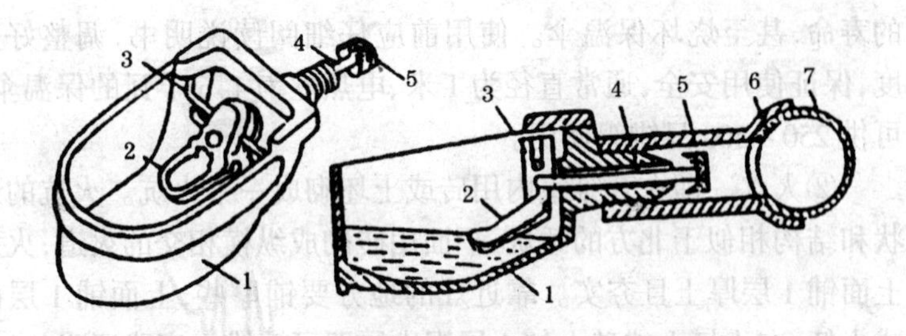

图 3-8　杯式饮水器

1.杯体　2.触发浮板　3.小轴　4.阀门杆　5.橡胶塞

6.鞍形接头　7.水管

(引自《现代养鸡生产》,杨宁主编)

盘内水位高出小圆孔时,空气进不去,水就流不出来。这种饮水器结构简单,使用方便,便于清洗消毒,适用于平面饲养或雏鸡笼养。

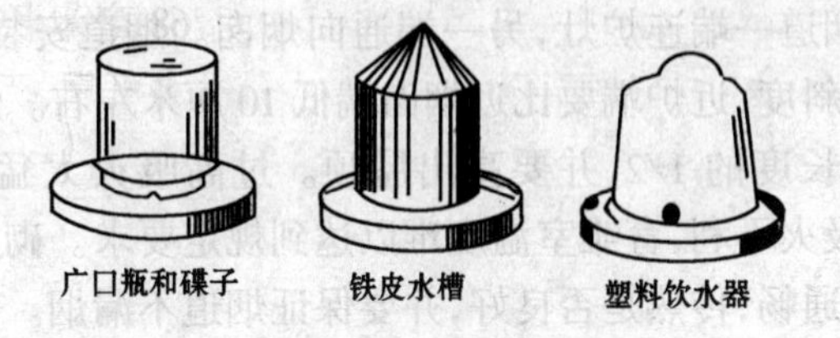

图 3-9　塔式真空饮水器

4. 控温设备　包括降温设备和升温设备。

(1)升温设备　升温设备主要有保温伞、火炕、地下烟道、红外线灯、暖风炉和煤炉等。

①保温伞　又称保姆伞、伞形育雏器。根据所消耗的能源不同,可分为燃气式和电热式保温伞两种。目前,较先进的保温伞还安装有乙醚膨胀和微波开关组成的自动控制调温装置。使用时,可按照雏鸡的年龄所需要的温度调整调控旋钮,使其自动控温。这种保温设备结构简单,操作方便,保温效果好,适用于平养及单层笼养。但使用保温伞育雏要有相应的室温基础,室温在 15℃以上效果较好,如果室温较低,保温伞就要不间断地运转,将缩短伞

的寿命,甚至烧坏保温伞。使用前应仔细阅读说明书,调整好高度,保证使用安全,通常直径为 1 米、电热丝为 1.6 千瓦的保温伞,可供 250 ~ 500 只雏鸡使用。

②火炕　即在育雏室内用砖或土坯砌成一个火炕。火炕的形状和结构相似于北方的睡炕,下面用砖砌成纵横相交的火道,火道上面铺 1 层厚土且夯实。靠近灶的地方要铺厚些,上面铺 1 层砖或土坯,在土坯上或砖上加 1 层锯木屑即可育雏。实践证明:火炕温度稳定,好控制;温度自下而上,小鸡腹部暖和,睡得舒服,不易扎堆。

③地下烟道　在我国农村使用最为普遍,它主要由炉灶、烟道、烟囱构成。炉灶与一般家庭用的相似,其大小可根据育雏室面积的大小进行调整。烟道可用金属管、瓦管或陶瓷管铺设,也可用砖砌成,烟道一端连炉灶,另一端通向烟囱。烟道安装时,应注意有一定的斜度,近炉端要比近烟囱端低 10 厘米左右。烟囱高度相当于管道长度的 1/2,并要高出屋顶。过高吸火太猛,热能浪费大,过低吸火不利,育雏室温度难以达到规定要求。砌好后应检查管道是否通畅,传热是否良好,并要保证烟道不漏烟。

④火墙供温　我国北方常用火墙供温。在两间育雏室中间的隔墙内按上、中、下 3 个部位垒数个烟道,形状为"己"字形,炉灶设在墙外,温度不足时可烧火供温。

⑤红外线灯　红外线灯具有产热性能好的特点,在电源供应较为正常的地区,可从市场上购买红外线灯,安装在木板或金属管制成的十字架上,然后吊在育雏室或装在保温伞内,通过散发热量来育雏。灯泡的功率一般为 250 瓦,悬挂在离地面 35 ~ 40 厘米处,并可根据育雏室温度高低的需要,调节悬挂高度;红外线灯保温性能稳定,育雏效果好,但耗电量大,灯泡易于损坏。

⑥暖风炉　供暖系统主要由进风道、热交换器、轴流风机、混合箱、供热恒温控制装置、主风道组成。通过热交换器的通风供暖

方式，是到目前为止效果最好的，它一方面使舍内温度均匀，空气清新；另一方面效益也不错，节能效果显著。但一次性设备投入大。

⑦煤炉　广大农村养鸡户，特别是简易棚舍或瓦房养殖，较多采用煤炉产热取暖，炉上安上烟囱，伸向舍外，用于排出煤气和烟，炉子应用砖垫高，四周15厘米左右设防护网防止雏鸡、垫料靠近火炉或引起火灾，使用煤炉取暖经济实用，保温性能稳定，耗煤量不大，但要注意取暖与通风的协调，避免一氧化碳中毒。

⑧暖气供暖　可利用家用暖气供温系统，水暖供温热量维持时间长，热效率高，是一种较好的供暖方式。

(2)降温设备　降温设备主要有下列几种。

①湿帘及风机降温设备　这是一种新型的降温设备。它是利用水蒸气降温的原理来改善鸡舍热环境的技术措施。主要由湿帘(图3-10)和风机组成。通过低压大流量的节能风机的作用，使鸡舍内形成负压，舍外的热空气便通过湿帘进入鸡舍内。循环水不断淋湿湿帘，吸收空气中的热量而蒸发。由于湿帘表面吸收了进入空气中的一部分热量使其温度下降，从而达到降低舍内温度的目的。

②低压喷雾系统　喷嘴安装在舍内或笼内鸡的上方，以常规压力进行喷雾。

③喷雾－风机系统　这与湿帘—风机系统相似，所不同的是进风需经过带有高压喷嘴的风罩，当空气经过时，温度就会下降。

④高压喷雾系统　特制的喷头可以将水由液态转为气态，这种变化过程具有极强的冷却作用。它是由泵组、水箱、过滤器、输水管、喷头组件和固定架等组成，雾滴直径在80～100微米。

5. 照明设备　照明设备主要包括人工光照设备、照度计和光照控制设备。人工光照设备主要包括白炽灯和荧光灯，荧光灯成本高于白炽灯。

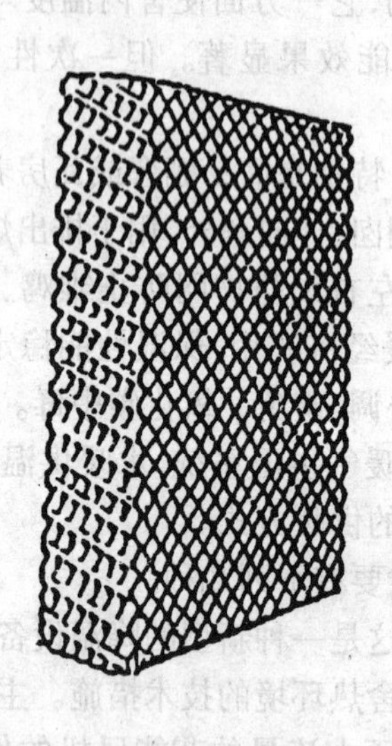

图 3-10　湿帘外形示意图

饲养蛋鸡一般用普通电灯泡照明，灯泡以 15～40 瓦为宜，后期使用 15 瓦灯泡为好，每 20 米^2 使用 1 个，灯泡高度以 1.5～2 米为宜。

照度计是一种测量光照强度的仪器，可选用 ST－Ⅲ 或其他型号的。光照控制器，其基本功能为自动启闭禽舍照明灯，即利用定时器的许多时间段自编程序功能，实现精确控制舍内光照时间。有些定时器还辅有自动测定装置，天亮时自动关灯，阴雨天气光线昏暗时自动开灯照明，有的还通过电压调整改变灯光亮度，使开关灯时有渐亮渐暗过渡，不仅不惊吓鸡群，还使灯泡使用时间延长。

6. 清粪设备　鸡舍内清粪方法常见有两类：一类是经常性清粪，每天清粪 1～2 次，所用设备是刮板式清粪机、带式清粪机或抽屉式清粪机；另一类是一次性清粪，每隔数天、数月或 1 个饲养周期才清粪 1 次，所用设备是手推车、拖拉机前悬挂清粪铲。

一般简单的单层笼养，大多采用除粪车，多层笼养和大面积网养则需用机械化除粪装置，除粪装置的形式有牵引可调式地面刮板清粪机、牵引式地面刮板纵向清粪机和螺旋弹簧横向清粪机、输送带式清粪机等。

(1)牵引可调式地面刮板清粪机　刮粪板的宽度在一定范围内可无级调节，刮粪机左右两个刮粪板在刮粪前处于收拢状态，当刮粪机前进时,它能按已调好的宽度自动张开进行清粪作业,当返回时两刮粪板又自动合拢。

(2) 牵引式地面刮板纵向清粪机　本机主要由牵引机(包括减速电机、绳轮)、刮粪板、转角轮、涂塑钢丝绳和电气控制等零部件组成。工作原理为:由减速电机输出轴将动力经一级链轮传送至主动绳轮,靠牵引绳与绳轮间的摩擦,获得牵引力,从而带动刮粪板清粪。刮粪板每行走一个往复行程即完成一次清粪工作,清粪时刮粪板自动落下,返回时刮粪板自动抬起;牵引绳的张紧力由张紧机构调整;牵引绳上的鸡粪由清洁器、限位清洁器清除,刮粪板往复行程由限位清洁器上的行程开关控制,牵引机所能发挥的牵引力由安全离合器总成调整,并在牵引负荷超过安全值时起保护作用。

(3) 螺旋弹簧横向清粪机　适用于鸡舍的横向清粪及鸡粪的输送。作业时,清粪螺旋直接放入粪槽内,不用加中间支撑,输送混有鸡毛的粘稠鸡粪也不会堵塞。

(4)输送带式清粪机　常用于叠层式鸡笼,可以省去承粪板或粪槽的设置,使鸡直接排粪于传送带上,定时开动减速电动机将粪送至一端,由固定刮板或转刷铲落至集粪沟里。该装置主要由头轮、托辊、尾轮和传送带组成。

7. 通风设备　鸡舍的通风换气按照通风的动力可分为自然通风、机械通风和混合通风3种。

机械通风主要依赖于各种形式的风机设备和进风装置。

(1)常用风机类型

①轴流式风机　这种风机所吸入和送出的空气流向与风机叶片轴的方向平行。轴流式风机的特点:叶片旋转方向可以逆转,旋转方向改变、气流方向随之改变,而通风量不减少。轴流风机可以设计为尺寸不同、风量不同的多种型号,并可在鸡舍的任何地方安装。

②离心式风机　这种风机运转时，气流靠叶片的工作轮转动时所形成的离心力驱动。故空气出入风机时和叶片轴平行，离开风机时变成垂直方向，这个特点可适应通风管90°的转变。

③吊扇和圆周扇　吊扇和圆周扇位于顶棚或墙内侧壁上，将空气直接吹向鸡体，从而在鸡只附近增加气流速度，促进其蒸发散热。圆周扇和吊扇一般作为自然通风鸡舍的辅助设备，安装位置与数量要视鸡舍情况而定。

(2)进气调控装置　进气口的位置和进气装置，可影响舍内气流速度、进气量和气体在鸡舍内的循环方式。进气装置有以下几种形式。

①窗式导气板　这种导风装置一般安装在侧墙上，与窗户相通，故称窗式导风板。根据舍内鸡的日龄、体重和外界环境温度来调节风板的角度。

②顶式导风装置　这种装置常安装在舍内顶棚上，通过调节导风板来控制舍外空气流量。

③循环式换气装置　是用来排气的循环换气装置，当舍内温暖空气往上流动时，根据季节的不同，上部的风量控制阀开启程度不同，这样排出气体量的回流气体量亦随之改变，由排出气体量与回流气体量的比例的不同来调控舍内空气环境质量。

冷风机安装位置见图3-11。

8. 消毒设备

(1)火焰消毒　主要用于鸡群淘汰后喷烧舍内笼网和墙壁上的羽毛、鸡粪等残存物，以烧死附着的病原微生物，尤其是鸡羽毛上的马立克氏病毒。火焰消毒由手压式喷雾器、输油管总成、喷火器和火焰喷嘴等组成，喷嘴可更换。使用的燃油是煤油或柴油。工作原理是把一定压力的燃油雾化并燃烧产生喷射火焰，靠火焰高温灼烧消毒部位。这种设备结构简单，易操作，安全可靠，消毒效果好。操作过程中要注意防火，最好带防护眼镜。

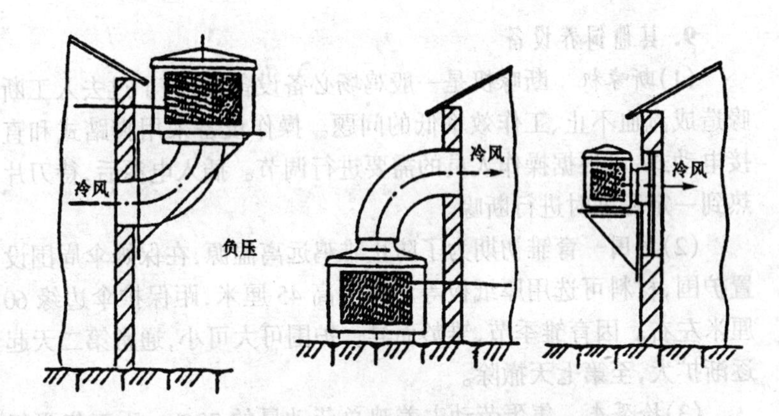

图 3-11 冷风机的安装图

(引自《现代养鸡生产》,杨宁主编)

(2)自动喷雾消毒 自动喷雾消毒器可用于鸡舍内部的大面积消毒,也可作为生产区人员和车辆的消毒设施。用于鸡舍内的固定喷雾消毒(带鸡消毒)时,可沿每列笼上部(距笼顶不少于1米)装设水管,每隔一定距离装设1个喷头;用于车辆消毒时可在不同位置设置多个喷头,以便对车辆进行彻底的消毒。这套设备的主要零部件包括固定式水管、喷头、压缩泵和药液桶等。工作时将药配制好,使药液桶与压缩泵接通,待药液所受压力达到预定值时,开启阀门,各路喷头即可同时喷出雾滴。

(3)高压冲洗消毒 用于房舍墙壁、地面和设备的冲洗消毒。所用器械由小车、药桶、加压泵、水管和高压喷枪等组成。高压喷枪的喷头通过旋转可调节水雾粒度的大小。粒度大时可形成水柱,具有很大的压力和冲力,能将笼具和墙壁上的灰尘、粪便等冲刷掉。粒度小时可形成雾状,加消毒药物则可起到消毒作用。气温高时还可用于喷雾降温。

此外,还有畜禽专用气动喷雾消毒器,跟普通喷雾器的工作原理一样,人工加压,使消毒液雾化并以一定压力喷射出来。

9. 其他饲养设备

（1）断喙机　断喙机是一般鸡场必备设备，解决了过去人工断喙造成流血不止、工作效率低的问题。操作设备采用脚踏式和直接电动式，可根据操作人员的需要进行调节。插入电源后，待刀片热到一定程度时进行断喙。

（2）护围　育雏初期为了防止雏鸡远离温源，在保姆伞周围设置护围，材料可选用厚纸板等。护围高 45 厘米，距保护伞边缘 60 厘米左右。因育雏季节、雏龄而异。护围可大可小，通常第二天起逐渐扩大，至第七天撤除。

（3）捡蛋车　集蛋劳动占养鸡总劳动量的 20%。手工集蛋仍是我国众多蛋鸡场的主要集蛋方式。人工捡蛋时先把鸡蛋捡到蛋盘中，蛋盘放到蛋箱中，蛋箱盛到捡蛋车上再推到蛋库。

三、蛋鸡场绿化和小气候优化

（一）场区的绿化

1. 绿化的意义

（1）改善鸡场小气候　在夏季，由于树叶及其他植物叶片表面水分的蒸发、光合和遮阳等作用，大量吸收太阳辐射热，从而降低了空气的透明度，减弱了日辐射光能，降低了周围的空气温度。进入鸡舍的空气经过预冷，降低了夏季鸡舍内温度。在冬季，树木遮挡减低了气流速度，缓解了恶劣气流对鸡舍的袭击。

（2）保护环境，净化空气　在鸡舍周围，绿化的植物和树叶，通过太阳光的作用进行吐故纳新，吸收二氧化碳放出氧气，使鸡舍周围空气清新干净。在气流和风压作用下，新鲜空气进入鸡舍，有助于鸡群的健康。由于鸡群呼吸和粪便废弃物的发酵腐败，产生大量的二氧化碳、氨气和硫化氢气体，这些气体不断地散发到鸡舍周围,被树叶或绿色的植物吸收利用。这种气体的交换,成为良性循环过程,也保护了环境。

(3)减少空气中的尘埃和细菌　由于树木和草地阻挡,降低了局部地段的风速,使尘埃降落到地面,遇雨水冲洗到土壤中。自然界相当数量的细菌被吸附在尘埃中,鸡舍排出的粉尘和毛屑等,由树木及草皮的吸附、过滤、降落,经雨水淋洗不断地被清除,从而减少了空气中的尘埃和细菌数量。

(4)增强防火　由于树木枝叶蒸发大量的水分,空气湿度增加,且树林能减低风速,有利于防火。

(5)减弱噪声　阔叶树木树冠能吸收26%的音能。夏季树叶及植物茂密时可降低噪声7~9分贝(dB),秋季可降低3~4分贝。

(6)有助于人的身心健康,提高工作效率　场内有各种树木、花草点缀其间,构成优雅的环境。饲养员工作在空气清新的绿色花园中,心旷神怡,身心健康,同时也提高了工作效率。

2. 绿化的布置　在进行养鸡场规划时,必须规划出绿化地,其中包括防风林(在多风、风大地区)、隔离林、行道绿化、遮阳绿化和绿地等。

场区四周种植隔离绿化带,设置沟渠及防护林带。防风林应设在冬季主风的上风向,沿围墙内外设置,最好是落叶树和常绿树搭配,高矮树种搭配,植树密度可稍大些。隔离林主要设在各场区之间及围墙内外,应选择树干高、树冠大的乔木。行道绿化是指道路两旁和排水沟边的绿化,起到路面遮阳和排水沟护坡的作用。遮阳绿化一般设于鸡舍南侧和西侧,起到为鸡舍墙、屋顶、门窗遮阳的作用。绿地是指鸡场内裸露地面的绿化,可植树、种花、种草,也可种植有饲用价值或经济价值的植物,如果树、苜蓿、草坪、草皮等,将绿化与养鸡场的经济效益结合起来。各栋鸡舍之间也可种植低矮灌木或草坪,以期达到改善小区气候、吸尘灭菌、净化空气的效果。

养鸡场植树造林应注意树种的选择,杨树、柳树等树种在吐絮开花时产生大量的绒毛,易造成防鸟网的堵塞及通风口的不畅通,降低风机的通风效率,对净化环境和防疫不利。值得注意的是,国内外一些集约化的养鸡场,尤其是种禽场,为了确保卫生防疫安全有效,往往在整个场区内不种一棵树,其目的是不给飞翔的鸟儿有栖息之处,以防病原微生物通过鸟粪等杂物在场内传播,继而引起传染病。场区内除道路及建筑物之外全部铺种草坪,仍可起到调节场区内小气候、净化环境的作用。

(二)舍内环境控制

鸡舍的内环境主要包括:温度、湿度、空气质量、光照、声音等方面。鸡舍的建设、鸡舍的开放程度决定了外环境对内环境的影响程度,场内设备情况、鸡舍的管理情况对小气候的优化有很大的影响。

1. 温度 鸡是恒温动物,在一定范围内可有效调节体温,使自身的温度稳定,在极端寒冷和炎热的条件下,调节功能难以保持体温的恒定,则会出现死亡。所以,要求通过供暖和降温系统给蛋鸡提供适宜的环境温度,满足鸡不同生长发育阶段的要求。

例如,雏鸡初生后体温调节能力很差,雏鸡对温度的要求为:1~3日龄31℃~33℃,4~7日龄28℃~31℃,2周龄26℃~28℃,3周龄23℃~25℃;以后保持在21℃~23℃。育雏舍加热设施有多种选择,比如煤炉、暖气、火墙、电加热器与热风炉等。集约化的鸡场多采用热风炉的供暖方式。取暖尽量采取火炕、烧煤热风炉和暖气,加快废除鸡舍内火炉取暖方式,以减少呼吸道疾病的发生。降温系统多用于蛋鸡舍,主要方式为纵向通风系统配备湿帘降温系统。有的地方也使用喷雾降温系统,但在高温高湿的地区本方式不合适。夏天采用湿帘降温,纵向通风,既能净化空气,又避免了因热应激引起鸡的体质下降,诱发各种传染性疾病。

2. 湿度 湿度是指空气的潮湿程度。湿度大小对动物生产性能有一定影响,并与温度一起发生作用。如果温度适宜,即使相对湿度从45%上升到95%,对增重也无明显影响。在高温高湿情况下,因鸡体散热困难,导致食欲下降,采食量显著减少,甚至中暑死亡。而在低温高湿时,鸡体散热增加,感觉寒冷,相应鸡的增重、生长发育减慢。此外,空气湿度过高,有利于病原微生物繁殖,使动物抵抗力降低,易患皮肤病;如果湿度过低,会导致动物体皮肤与呼吸道干燥。为了防止畜禽舍潮湿,一般在中午气温较高时,打开门窗,加强通风来排除潮气。为防止过度干燥,可喷洒水来增加湿度。

鸡舍内的湿度环境应满足鸡不同生长发育阶段的需求。例如育雏第一周,鸡舍内应保持60%~65%的相对湿度。因为此时雏鸡体内含水量大,舍内温度高,湿度过低容易造成雏鸡脱水,影响鸡的健康和生长。2周以后体重增大,呼吸量增加,应保持舍内干燥,注意通风,避免饮水器漏水,防止垫料潮湿。但一般相对湿度高不宜超过75%,低不宜低于40%,尽量避免高温高湿和低温高湿的恶劣环境出现。

3. 空气质量 不同日龄的鸡对空气质量的要求不同。成鸡舍内的氨气含量应低于0.0015%。二氧化碳的浓度小于0.15%,硫化氢小于0.001%,鸡舍内灰尘控制在8毫克/米^3,微生物应控制在2.5万个/米^{3}以下。雏鸡舍要求更高些。

保证空气质量主要依靠通风,所以对通风量的要求很高。环境控制鸡舍中,鸡的每小时每千克体重通风量为3.6~4米^3,成鸡舍风速小于每秒0.8米,雏鸡舍风速小于每秒0.5米。开放式鸡舍中,在能维持舍内温度处于21℃~27℃时,尽量打开通风窗和孔,加强通风。在饲养的前2周,应当设置钟控排气扇,每小时运转10分钟,以排除鸡舍内有害气体,补充新鲜空气。

鸡舍通风按通风动力可分为3种:自然通风、机械通风和混合

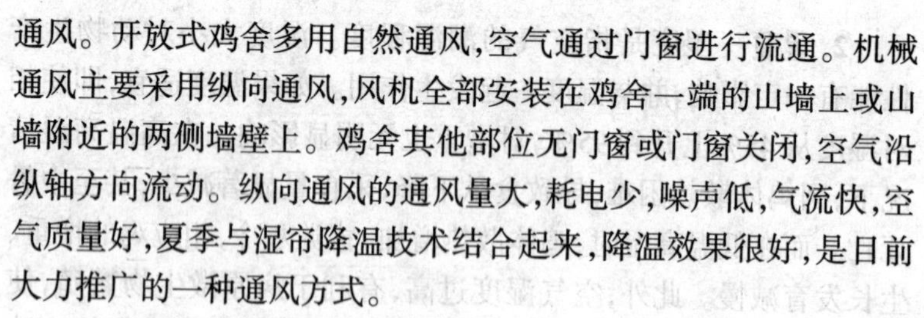

通风。开放式鸡舍多用自然通风,空气通过门窗进行流通。机械通风主要采用纵向通风,风机全部安装在鸡舍一端的山墙上或山墙附近的两侧墙壁上。鸡舍其他部位无门窗或门窗关闭,空气沿纵轴方向流动。纵向通风的通风量大,耗电少,噪声低,气流快,空气质量好,夏季与湿帘降温技术结合起来,降温效果很好,是目前大力推广的一种通风方式。

4. 光照 光照对鸡的活动、采食、饮水、繁殖都有很重要的作用。雏鸡 2~3 日龄采用全天 24 小时光照,以便雏鸡适应环境。刚孵出的雏鸡视力弱,平面育雏的前 3 天、笼育的第一周应给予较强光照,光照强度为 20~25 勒。以后光照时间一直保持每日 23 小时光照和 1 小时黑暗。夜间关灯 1 小时的主要目的是使雏鸡熟悉黑暗的环境,以免突然停电时造成惊恐。对于蛋鸡来说,育成期的光照非常重要,10 周龄以后,要求光照时间应短于刺激母鸡生殖系统发育的最小光照时间 11~12 小时,光照强度要逐渐降低。育成期绝对不能增加光照 ,补充光照开关灯要准时,切忌频繁变动。

5. 噪声 场址选择不当,如邻近铁路、公路、机场等,鸡舍外的噪声要进入舍内;舍内噪声主要来自机器设备制造、安装欠佳,再者,是由于鸡群本身产生的,如鸣叫、争斗、采食等。鸡是敏感动物,对不熟悉的声音很敏感,噪声过大,会引起炸群,产蛋量下降,所以要降低噪声。

第四章 蛋鸡的营养需要与饲料配制

一、蛋鸡的营养需要

(一) 维持需要与生产需要

蛋鸡的营养需要分为维持需要和生产需要两部分。蛋鸡的维持需要是指蛋鸡不生产产品,保持体重不变,体内的营养物质和成分保持恒定,其分解代谢和合成代谢处于零平衡状态下的营养需要。实际上,处于维持状态下的蛋鸡,其体组织和成分并不是一成不变的,而是依然处于不断更新的动态平衡中。所以,处于维持状态的蛋鸡也需要按日补充能量和各种营养物质,以维持其正常的生命活动。研究蛋鸡的维持需要具有重要意义,如果不能满足蛋鸡的维持营养需要,它就会动用体内的养分,造成体重减轻,体质下降甚至死亡;如果供给蛋鸡的营养超过它的维持需要,则剩余的养分就可用于蛋鸡产蛋和生长。对于蛋鸡来讲,影响各种营养物质维持需要的因素很多,主要包括环境温度、活动量、生理状态、饮水以及饲养、饲料等。在实际饲养过程中,我们通常尽量降低蛋鸡的维持需要,增加它的生产需要,从而提高其生产效率和经济效益。

(二)能量需要

鸡的一切生命活动,比如鸡的行走、鸡维持正常体温、鸡的生长等活动均是在能量参与下完成的。即使鸡完全处于休息状态,其呼吸、血液循环以及其他生理功能活动，哪怕是极微弱的，也都需随时消耗能量。而且饲料中各种营养在鸡体内的代谢也需要能量参与。所以，能量是鸡重要的和基本的需要。

饲料中的大部分营养物质如蛋白质、脂肪及碳水化合物在鸡体内消化代谢后，都释放出能量，供鸡利用。在鸡的饲养标准中，其能量需要量通常以代谢能来表示。若饲料能量不足，将直接影响到鸡生长及生产性能的发挥，若能量不能满足鸡的维持需要，则动用体内贮备以满足鸡的维持需要。若长期能量供给不足，体内能贮备耗尽后，鸡将死亡。因此，在满足鸡的各种营养需要时，首先要满足鸡的能量需要。

（三）蛋白质需要

蛋白质是机体的三大基础营养物质之一，是由多种氨基酸构成的复杂化合物，有些蛋白质还含有硫、磷、铜等化学元素。

蛋白质是构成鸡体组织的基本结构物质之一，在鸡的各器官中，除水以外，蛋白质是含量最高的物质，如鸡毛中蛋白质含量占80%，烘干的鸡骨头中1/3是蛋白质。蛋白质的种类不同，决定了各组织器官的功能特异性，如构成体组织的主要是球蛋白；构成骨骼、羽毛的主要是硬蛋白。蛋白质还是鸡体组织更新的基础原料之一。成年鸡体内的蛋白质总量基本保持不变，但各个组织随时都在进行着蛋白质的分解与合成过程。分解了的蛋白质大部分用于再合成，一部分经代谢排出体外，这部分蛋白质就需要新的蛋白质来补充。据实验测定，鸡体蛋白质总量中每天有0.25%～0.3%进行更新，每12～14个月鸡体组织蛋白即可全部更新1次。

蛋白质还是机体的重要功能物质，它是多种具有特殊生物学功能物质的主要成分。例如，催化和调节代谢过程的各种酶和激素，参与机体免疫反应的各种抗体，运输脂溶性维生素、氧等物质的蛋白质等。几乎所有的基本生命现象都是通过蛋白质来实现。

除以上功能之外，蛋白质还是机体内的能源物质。蛋白质也是一切产品的重要组成成分，鸡蛋的干物质中58.5%是蛋白质。因蛋白质是鸡体内惟一的氮源提供者，它不能由其他物质转化和合成，其功能是其他任何物质都不能代替的。一旦出现蛋白质供给不足，成年鸡就会表现出消化功能减退，体重减轻，繁殖功能紊乱，抗病力减弱，组织器官结构异常，产蛋减少或停产，生长鸡还会出现生长严重受阻等症状。

（四）矿物质需要

矿物质中的一些元素是构成蛋鸡骨骼、蛋壳、羽毛、血液和体液等组织必不可少的成分，对蛋鸡的生长发育、生理功能和生殖具有重要作用。蛋鸡所需的矿物元素有钙、磷、钾、钠、镁、氯、硫、铁、铜、钴、锰、锌、碘、硒等，其中前7种需要量较多，称为常量元素，后7种需要量较少，称为微量元素。

1. 钙、磷　钙、磷是蛋鸡体内含量最多的常量元素，99%的钙和80%的磷参与构成骨骼和牙齿，其余存在于软组织和体液中，磷还是消化酶的组成成分。我国蛋鸡的饲养标准规定，雏鸡、育成鸡和产蛋鸡日粮中，钙含量分别为0.8%，0.7%，3.2%～3.5%；总磷为0.7%，0.6%，0.6%；有效磷分别为0.4%，0.35%，0.3%～0.33%。实际生产中，钙、磷以磷酸盐、骨粉、石粉和贝壳粉等形式补充。

2. 镁　镁有60%～70%存在于骨骼中，其余30%～40%存在于软组织中。实际日粮中的镁能够满足蛋鸡需要，不需另补。

3. 钾、钠和氯　钾、钠和氯对维持体内酸碱平衡和渗透压具有重要作用；氯还参与构成胃酸，保证胃蛋白酶的作用所必需的pH值；钠和钾参与神经组织冲动的传递过程。实际生产中钠和氯以食盐的形式补充，而一般不用补充钾。我国蛋鸡饲养标准规定雏鸡、育成鸡和产蛋鸡日粮食盐含量均为0.37%。

4. 硫 鸡体内硫含量约0.15%，少量以硫酸盐的形式存在，大部分以有机硫的形式存在于肌肉组织和骨骼、牙齿中。饲料中微量元素大都以其硫酸盐的形式添加。因此，不需另外补充硫即能满足蛋鸡需要。有时也用硫酸钠预防鸡的啄羽和啄肛。用无机硫做添加剂，用量超过0.3%～0.5%，可能产生厌食、失重、便秘与腹泻等反应，必须注意。

5. 铁 铁主要存在于红细胞的血红蛋白中，参与氧的运输，也是许多酶的成分。蛋鸡缺铁时出现食欲减退，发生贫血和轻度腹泻以及呼吸困难等症状。我国蛋鸡饲养标准推荐雏鸡、育成鸡和产蛋鸡日粮中铁的含量分别为80毫克/千克、60毫克/千克和50毫克/千克。

6. 锰 锰分布于体组织中，其中25%的锰存在于骨骼中。锰不仅是许多酶的重要成分和激活酶的活化中心，而且还具有类似抗体活性及结合糖和凝集细胞的天然外源凝集素的功能。蛋鸡锰缺乏时，出现“滑腱症”。我国蛋鸡饲养标准推荐雏鸡、育成鸡和产蛋鸡日粮中锰的含量分别为60毫克/千克、30毫克/千克和30毫克/千克。

7. 锌 锌是碳酸酐酶的活性成分，参与维持上皮细胞和被毛的正常形态、生长和健康，维持激素的正常功能。蛋鸡缺锌生长受阻，羽毛不正常，腿骨短粗，跗关节肿大。我国蛋鸡饲养标准推荐雏鸡、育成鸡、产蛋鸡日粮中锌的含量分别为40毫克/千克、35毫克/千克和50毫克/千克。

8. 铜 铜参与血红蛋白的形成，与线粒体、胶原代谢和黑色素形成有密切关系。蛋鸡缺铜出现贫血，生长受阻，羽毛褪色等病征。我国蛋鸡饲养标准推荐雏鸡、育成鸡、产蛋鸡日粮中铜的含量分别为8毫克/千克、6毫克/千克和6毫克/千克。

9. 硒 硒是谷胱甘肽过氧化酶的组成成分。蛋鸡缺硒的主要症状是渗出性素质、心肌损伤和心包积水。饲料中含硒为0.1～

0.2 毫克/千克就能防止缺硒症的发生。我国蛋鸡饲养标准推荐雏鸡、育成鸡和产蛋鸡日粮中硒的含量分别为 0.15 毫克/千克、0.10毫克/千克和 0.10 毫克/千克。但硒是剧毒元素,过量时蛋鸡就会出现生长受阻、羽毛蓬松和性成熟延迟等症状。

10. 碘 碘元素是生物活性很高的物质,主要存在于鸡的甲状腺中。甲状腺有调节代谢和产生热量的作用,是调节蛋鸡生长的重要物质。当日粮缺碘时,可引起蛋鸡甲状腺肿大、生长迟缓。我国蛋鸡饲养标准推荐雏鸡、育成鸡和产蛋鸡日粮中碘的含量分别为 0.35 毫克/千克、0.35 毫克/千克和 0.30 毫克/千克。

(五)维生素需要

蛋鸡所需维生素包括脂溶性维生素和水溶性维生素两大类。

1. 脂溶性维生素 蛋鸡所需的脂溶性维生素有维生素 A、维生素 D、维生素 E 和维生素 K。

(1)维生素 A 维生素 A 的主要功能是防止夜盲症和干眼病,对呼吸和消化功能也有重要作用。如饲料中缺乏维生素 A,蛋鸡易患干眼病、失明、肠炎、肺炎等。在确定日粮中维生素 A 水平时,需考虑许多因素。维生素 A 在日粮中容易被氧化,所以要以一种稳定的形式供给。肠道寄生虫对肠壁的损伤会影响维生素 A 的吸收。饲料中脂肪水平和脂肪吸收的最适生理条件对维生素 A 的吸收也有影响。植物饲料中的胡萝卜素的含量在鸡体内可以转化为维生素 A,其对日粮中维生素 A 的添加量影响很大。鉴于以上情况,饲粮中维生素 A 的含量应高于理想条件下蛋鸡的最低需要量。

(2)维生素 D 维生素 D 的主要功能是参与钙、磷代谢,增进动物对钙、磷的吸收和利用。日粮中维生素 D 的需要量取决于钙、磷含量及其比例。蛋鸡皮肤内的 7 - 脱氢胆固醇在紫外线辐射下,形成维生素 D_3。但对于舍饲蛋鸡而言,很难接受日光照射,所以应注意补充维生素 D。另外，饲料中若含霉菌毒素，则维生素 D 的需要量显著增加。

(3)维生素 E　维生素 E 与动物的生殖密切相关，在机体内是最好的脂溶性抗氧化剂，大量使用可增强机体免疫力，和硒共同作用可防止发生渗出性素质症状。蛋鸡缺乏维生素 E 最明显的症状是患白肌病。日粮中维生素 E 的需要量取决于日粮中硒和高级不饱和脂肪酸的水平以及其他抗氧化剂是否存在。维生素 E 可因饲料的混合、制粒、贮存而遭破坏，从而可造成维生素 E 缺乏症。

(4)维生素 K　维生素 K 是蛋鸡体内形成凝血酶所必需的一种维生素，参与凝血反应。腐烂的植物饲料能破坏维生素 K 的活性。在饲料或饮水中加入磺胺类或抗生素时，对维生素 K 的需要量增加。生产中可饲喂苜蓿粉或直接补充维生素 K。

2. 水溶性维生素　蛋鸡所需的水溶性维生素包括维生素 B_1、维生素 B_2、泛酸、烟酸、维生素 B_6、生物素、叶酸、维生素 B_{12}和胆碱等。

(1)维生素 B_1　维生素 B_1 是构成碳水化合物氧化过程中丙酮酸酶、氧化脱羧酶体系中的辅酶成分。饲粮中缺乏维生素 B_1 会造成对蛋鸡神经系统、血液循环和消化系统的功能障碍。谷物中维生素 B_1 丰富。维生素 B_1 的需要量常与饲料中的糖类的消耗量有关，糖类的消耗量愈多，则维生素 B_1 的需要量增加，所以临床上葡萄糖注射和维生素 B_1 往往同时使用。

(2)维生素 B_2　维生素 B_2 是构成生物氧化过程中所必需的两个辅酶的成分，参与脂肪酸、碳水化合物、核酸等多种物质代谢。蛋鸡日粮中缺乏维生素 B_2 时，出现腹泻、生长迟缓和趾爪内曲等症状。乳产品、肝粉和某些发酵产品维生素 B_2 含量丰富。维生素 B_2 的需要量受饲料中蛋白质含量的影响，饲料中缺乏蛋白质，维生素 B_2 就不能被吸收。日粮中添加脂类和糖类时，对维生素 B_2

的需要量也会增加。

(3)泛酸　泛酸是辅酶A的组成成分,在碳水化合物和脂肪代谢中具有重要作用。泛酸缺乏时蛋鸡代谢紊乱,生长受阻,羽毛粗糙,患皮炎。米糠中泛酸含量丰富。

(4)烟酸　烟酸是辅酶Ⅰ和辅酶Ⅱ的组成成分,能促进体内脂类、碳水化合物和蛋白质代谢。蛋鸡缺乏烟酸会引起羽毛稀疏、皮肤炎和口腔疾病。小麦、酵母和麸皮中烟酸含量丰富。

(5)维生素 B_6　维生素 B_6 是氨基酸脱羧酶、转氨酶的辅酶成分,参与氨基酸的合成与分解。蛋鸡缺乏维生素 B_6 易患贫血症、蛋白质代谢障碍和生长不良。天然饲料中维生素 B_6 含量丰富。

(6)生物素　蛋鸡消化道内某些微生物能够合成生物素。体内的生物素以辅酶的形式参与碳水化合物、脂类和蛋白质代谢。蛋鸡缺乏生物素时鸡脚、喙以及眼周围可发生皮炎,胫骨短粗症是蛋鸡缺乏生物素的典型症状。饲料中给予大量磺胺类和抗生素药物时,可抑制消化道中微生物对生物素的合成。

(7)叶酸　叶酸对蛋鸡正常血细胞形成有促进作用。蛋鸡缺乏叶酸表现为贫血、生长受阻及羽毛脱色等。蛋鸡对叶酸的需要,可由肠道和饲料中的微生物合成来满足,但和生物素一样,长期饲喂广谱抗生素或磺胺类药物后,则可能出现缺乏症状。

(8)维生素 B_{12}　维生素 B_{12} 与叶酸的作用相关联,影响体内生物合成所必须的活性甲基的形成。维生素 B_{12} 可促进蛋鸡生长。维生素 B_{12} 缺乏影响蛋白质代谢,出现生长停止,贫血,羽毛粗乱,肌胃糜烂等。除鱼粉外,一般饲料中维生素 B_{12} 含量极低,必须注意补充。

(9)胆碱　胆碱参与脂肪代谢,具有促进蛋鸡生长的作用。蛋鸡缺乏胆碱比较典型的症状是骨粗短症。蛋鸡对胆碱的需要量为0.13%,耐受量为需要量的2倍。

二、蛋鸡常用的饲料

蛋鸡常用的饲料种类繁多，根据营养物质含量的特点，大致可分为能量饲料、蛋白质饲料和维生素饲料、矿物质饲料等。

（一）能量饲料

能量饲料是指在绝对干物质中，粗纤维含量低于18%，且粗蛋白质含量低于20%的各种饲料。

1. 玉米 玉米是谷实类饲料的主体，是蛋鸡最主要的能量饲料，含淀粉多，消化率高，每千克干物质含代谢能13.89兆焦，粗纤维含量很少，且脂肪含量可达3.5%～4.5%。所以，玉米的可利用能高。如果以玉米的能值作为100，其他谷实类饲料均低于玉米。玉米含有较高的亚油酸，可达2%，占玉米脂肪含量的近60%。玉米中亚油酸含量是谷实类饲料中最高的。玉米蛋白质含量低，氨基酸组成不平衡，特别是赖氨酸、蛋氨酸及色氨酸含量低。胡萝卜素的含量较高，维生素E含量也不少，几乎不含有维生素D和维生素K。水溶性维生素除维生素B_1外均较少。此外，玉米还含有叶黄素，尤其是黄玉米含有较多的叶黄素，这些色素对皮肤、爪、喙和蛋黄着色有显著作用，其所含胡萝卜素优于苜蓿粉。玉米营养成分的含量不仅受品种、产地、成熟度等条件的影响而变化，同时水分含量，也影响各营养素的含量。玉米水分含量过高，容易霉变而感染黄曲霉菌。黄曲霉素B_1是一种强毒物质，是玉米的必检项目。玉米经粉碎后，易吸水、结块、霉变，不便贮存。因此，一般玉米要整粒贮存，且贮存时水分应降低至13%以下。

2. 高粱 高粱的籽实是一种重要的能量饲料。去壳高粱与玉米一样，主要成分为淀粉，粗纤维少，可消化养分高。粗蛋白质含量与其他谷物相似，但质量较差，含钙量少，含磷量较多，胡萝卜素及维生素D的含量少，维生素B族含量与玉米相当，烟酸含量多。高粱中含有单宁，有苦味，适口性差，鸡不爱采食，因此，蛋鸡日粮中高粱的用量不要超过10%~15%。单宁主要存在于壳部，色深者含量高。所以，在配合饲料中，蛋壳色深者只能加到10%，色浅者可加到15%；若能除去单宁，则可加到70%。由于高粱中叶黄素含量较低，影响皮肤、脚、蛋黄等着色，可通过配合使用苜蓿粉、玉米蛋白粉和叶黄素浓缩剂达到满意效果。在配合饲料中使用高粱时，还应注意添加维生素A、蛋氨酸、赖氨酸、胆碱和必需脂肪酸等。

3. 小麦 我国小麦的粗纤维含量和玉米接近，为2.5%~3%。粗脂肪含量低于玉米，约2%。小麦粗蛋白质含量高于玉米，为11.0%~16.2%，是谷实类中蛋白质含量较高者；但必需氨基酸含量较低，尤其是赖氨酸。小麦的能值较高，为12.89兆焦/千克。小麦的灰分主要存在于皮部，和玉米一样，钙少磷多，且磷主要是植酸磷。小麦含B族维生素和维生素E多，而含胡萝卜素、维生素D和维生素C极少。因此，在玉米价格高时，小麦可作为蛋鸡的主要能量饲料，一般可占日粮的30%左右。但是由于小麦中含类胡萝卜素极少，如对鸡的皮肤、蛋黄有特别要求时，应适当调整日粮配方，补充含色素高的原料。另外，小麦的β-葡聚糖和戊聚糖比玉米高，所以，日粮中要添加相应的酶制剂来改善鸡的增重和饲料转化率。

4. 大麦 大麦是一种重要的能量饲料，粗蛋白质含量比较高，约12%。氨基酸组成中，赖氨酸、色氨酸与异亮氨酸等的含量高于玉米，特别是赖氨酸，有的品种可达0.6%，比玉米高1倍多，这在谷类中不易多得，是能量饲料中蛋白质品质最好的。消化养分比燕麦高，无氮浸出物含量多。粗脂肪含量少于2%，不及玉米含量的一半，其中一半以上是亚油酸。钙、磷含量比玉米高，胡萝卜素和维生素D不足，硫胺素多，核黄素少，烟酸含量丰富。大麦麦中β-葡聚糖和戊聚糖的含量较高，饲料中应添加相应的酶制剂。大麦中含有单宁，会影响日粮适口性。大麦对鸡的饲喂价值明显不如玉米，蛋鸡日粮中用量一般为20%，最好在10%以下。与小麦一样，大量使用大麦时会使粪便含水量和粘性增加，导致垫料含水增加，引起蛋鸡腿部和胸部的水疱病增加。

5. 糠 稻谷的加工副产品称稻糠，稻糠可分为砻糠、米糠和统糠。砻糠是粉碎的稻壳，米糠是糙米(去壳的谷粒)精制成的大米的果皮、种皮、外胚乳和糊粉层等的混合物，统糠是米糠与砻糠不同比例的混合物。一般100千克稻谷可出大米72千克，砻糠22千克，米糠6千克。米糠的品种和成分因大米精制的程度而不同，精制的程度越高，则胚乳中物质进入米糠越多，米糠的饲用价值越高。米糠含脂肪高，最高达22.4%，且大多属不饱和脂肪酸，米糠油中还含有维生素E 2%~5%。米糠的粗纤维含量不高，所以有效能值较高。米糠含钙偏低，微量元素中铁和锰含量丰富，而铜偏低。米糠富含B族维生素，而缺少胡萝卜素、维生素D和维生素C。米糠是能值较高的糠麸类饲料，适口性好。但由于米糠含脂肪较高，天热时易酸败变质。大量研究证明，随饲料中米糠用量增加，蛋鸡的生产性能下降很大，所以用量一般小于10%。

6. 麦麸 习惯上称为麸皮，是生产面粉的副产物。麦麸代谢能值为6.82兆焦/千克，粗蛋白质15%，粗脂肪3.9%，粗纤维8.9%，灰分4.9%，钙为0.1%，磷为0.92%，其中植酸磷占0.68%。小麦麸含有较多的B族维生素，如维生素B_1、维生素B_2、烟酸、胆碱，也含有维生素E，由于麦麸能值低，粗纤维含量高，容积大，不宜用量过多，一般可占日粮的10%左右。另外，麦麸还具有缓泻、通便的功能。

7. 动物脂肪 动物脂肪是屠宰厂通常将检验不合格的胴体及脏器和皮脂等高温处理得到的，除工业用途外，也是一种高能饲料。动物脂肪在常温下凝固，加热则熔化成液态。动物脂肪含代谢能值达35兆焦/千克，约为玉米的2.52倍。添加脂肪可提高日粮的能量水平，并改善适口性，还能减少粉料的粉尘。动物脂肪的营养作用单纯，除提供一定数量不饱和脂肪酸（占脂肪的3%～5%）外，主要是提高日粮的能量水平。用脂肪做能量饲料，可降低鸡体增热，减少蛋鸡炎热气候下的散热负担。

8. 植物脂肪 绝大多数植物油脂常温下都是液态。最常见的是大豆油、菜籽油、花生油、棉籽油、玉米油、葵花籽油和胡麻籽油。植物油脂和动物脂肪的差别在于含有较多的不饱和脂肪酸（占油脂的30%～70%），与动物脂肪相比，植物油含有效能值稍高，代谢能可达37兆焦/千克。植物油脂主要供人食用，也作为食品和其他工业原料，只有少量用于饲料。

（二）蛋白质饲料

通常将干物质中粗蛋白质含量在20%以上，粗纤维含量小于18%的饲料划在这一类。蛋白质饲料包括植物性蛋白质饲料、动物性蛋白质饲料、单细胞蛋白质饲料以及酿造工业副产物等。

1. 大豆饼（粕） 大豆饼和豆粕是我国最常用的一种植物性蛋白质饲料，营养价值很高，粗蛋白质含量在40%～45%之间，大豆粕的粗蛋白质含量高于大豆饼，去皮大豆粕粗蛋白质含量可达50%。大豆饼（粕）的氨基酸组成较合理，赖氨酸含量2.5%～3%，是所有饼（粕）类饲料中含量最高的；异亮氨酸、色氨酸含量都比较高，但蛋氨酸含量低，仅0.5%～0.7%，故玉米—豆粕基础日粮中需要添加蛋氨酸。大豆饼（粕）中钙少磷多，但磷多属难以利用的植酸磷；胡萝卜素、维生素D含量少。B族维生素除维生素B_2、维生素B_{12}外，其余的含量均较高。粗脂肪含量较低，尤其大豆粕的脂肪含量更低。

生产大豆饼（粕）的原料——生大豆中，含有多种抗营养因子，如胰蛋白酶抑制因子、细胞凝集素、皂角苷和尿素酶等。在提油时，如果加热适当，抗营养因子受到破坏，加热不足破坏不了抗营养因子则蛋白质利用率低，加热过度可导致赖氨酸等必需氨基酸的变性而影响利用价值。

2. 棉籽饼(粕) 棉籽饼(粕)是棉花籽实提取棉籽油后的副产品，一般含有32%~37%的粗蛋白质，含量仅次于豆饼，是一项重要的蛋白质资源。棉籽饼因加工条件不同，其营养价值相差很大，主要影响因素是棉籽壳是否脱去及脱去程度。

棉籽饼(粕)蛋白质组成不太理想，精氨酸含量3.6%~3.8%，过高；而赖氨酸含量仅1.3~1.5%，过低，只有大豆饼粕的一半。蛋氨酸也不足，约0.4%。棉籽饼(粕)中有效能值主要取决于粗纤维含量，即棉籽饼(粕)中含壳量。维生素含量在加工过程中损失较多。矿物质中磷多，但多属植酸磷，利用率低。

棉籽饼(粕)的缺点是含有游离棉酚。棉酚是一种有毒物质，其含量取决于棉籽的品种和加工方法。棉酚中毒有蓄积性，可与消化道中的铁形成复合物，导致缺铁，添加0.5%~1%硫酸亚铁粉可结合部分棉酚而去毒，并能提高棉籽饼(粕)的营养价值。

3. 菜籽饼(粕) 油菜是十字花科植物，籽实含粗蛋白质20%以上，榨油后饼(粕)中油脂减少，粗蛋白质相对增加到30%以上。菜籽饼(粕)中赖氨酸含量为1%~1.8%，色氨酸为0.5%~0.8%，蛋氨酸为0.4%~0.8%，胱氨酸为0.3%~0.7%。维生素的含量为：硫胺素1.7~1.9毫克/千克，泛酸8~10毫克/千克，胆碱6 400~6 700毫克/千克。

菜籽饼含有芥子苷或称硫苷(含量一般在6%以上)，各种芥子甙在不同条件下水解，生成异硫氰酸酯，严重影响适口性。异硫氰酸酯加热转变成氰酸酯，它和噁唑烷硫酮还会导致甲状腺肿大。一般经去毒处理，才能保证饲料安全。不去毒限量饲喂也能收到良好效果，一般在蛋鸡配合饲料中用量3.5%~5%无不良影响。菜籽饼还含有一定量的单宁，能降低动物食欲。大量试验证实，菜籽饼(粕)引起蛋鸡生产性能下降的原因主要是由于采食量下降所致,而不是甲状腺肿大所致。

4. 花生饼(粕) 带壳花生饼(粕)含粗纤维15%以上,饲用价值低。国内一般都去壳榨油。去壳花生饼含蛋白质、能量比较高。花生饼(粕)的饲用价值仅次于大豆饼(粕),蛋白质和能量都比较高。花生饼(粕)含赖氨酸1.5%~2.1%,色氨酸0.45%~0.51%,蛋氨酸0.4%~0.7%,胱氨酸0.35%~0.65%,精氨酸5.2%。含胡萝卜素和维生素D极少,含硫胺素和核黄素5~7毫克/千克,烟酸170毫克/千克,泛酸50毫克/千克,胆碱1 500~2 000毫克/千克。花生饼(粕)本身虽无毒素,但易感染黄曲霉产生黄曲霉毒素。因此,贮藏时切忌发霉。用花生饼(粕)喂蛋鸡,其所含蛋氨酸、赖氨酸都不能满足蛋鸡需要,必须进行补充,也可以和鱼粉、豆饼(粕)等一起饲喂。加热不良的花生饼(粕)会引起仔鸡胰脏肥大。因此,产蛋前期最好不用,产蛋阶段用量宜在4%以下。

5. 玉米蛋白粉 玉米蛋白粉的确切含义是玉米除去淀粉、胚芽和玉米外皮后剩下的产品。正常玉米蛋白粉的色泽为金黄色,蛋白质含量越高色泽越鲜艳。玉米蛋白粉一般含蛋白质40%~50%,高者可达60%。玉米蛋白粉蛋氨酸含量很高,可与相同蛋白质含量的鱼粉相当,但赖氨酸和色氨酸严重不足,不及鱼粉的25%。饲喂时应考虑氨基酸平衡,与其他蛋白质饲料配合使用。由黄玉米制成的玉米蛋白粉含有很高的类胡萝卜素,其中主要是叶黄素(53.4%)和玉米黄素(29.2%),是很好的着色剂。玉米蛋白粉含维生素(特别是水溶性维生素)和矿物质(除铁外)也较少。总之,玉米蛋白粉是高蛋白质高能量饲料,蛋白质消化率和可利用能值高,用于蛋鸡,效果很好,既可节约蛋氨酸添加量,又能改善蛋黄的着色。

6. 鱼粉 鱼粉的营养价值因鱼种、加工方法和贮存条件不同而有较大差异。鱼粉含水分平均10%,蛋白质含量进口鱼粉一般在60%以上,国产鱼粉50%左右。鱼粉粗蛋白质含量太低的,可能不是全鱼鱼粉,而是下脚鱼粉;粗蛋白质含量太高,则可能掺假。鱼粉不仅蛋白质含量高,而且氨基酸比例平衡。进口鱼粉赖氨酸含量可达5%以上,国产鱼粉3%~3.5%。鱼粉粗脂肪含量5%~12%,平均8%左右。海鱼的脂肪含有高度不饱和脂肪酸,具有特殊的营养生理作用。鱼粉含钙5%~7%,磷2.5%~3.5%,食盐3%~5%。鱼粉中灰分含量越高,表明其中鱼骨越多,鱼肉越少。微量元素中,铁含量最高,可达1 500~2 000毫克/千克;其次是锌与硒,锌达100毫克/千克以上,硒为3~5毫克/千克。海鱼碘含量高。鱼粉的大部分脂溶性维生素在加工时被破坏,但B族维生素尤其维生素B_{12}、维生素B_2含量高,鱼粉中还含有未知生长因子。蛋鸡日粮中鱼粉用量为2%~8%。加工错误或贮存中发生过自燃的鱼粉中含有较多的肌胃糜烂素,饲喂后可使鸡发生肌胃糜烂。鱼粉还会使鸡肉产生不良气味。

7. 肉骨粉 肉骨粉的饲用价值比鱼粉稍差,但价格远低于鱼粉。因此,肉骨粉是很好的动物蛋白质饲料。据分析,肉骨粉粗蛋白质含量54.3%~56.2%,粗脂肪4.8%~7.2%,灰分20.1%~24.8%,钙5.3%~6.5%,磷2.5%~3.9%,蛋氨酸0.36%~1.09%,赖氨酸2.7%~5.8%。肉骨粉维生素B_{12}含量丰富,含脂肪较高,最好与植物蛋白质饲料混合使用,仔鸡日粮用量不要超过5%,成鸡可占5%~10%。肉骨粉容易变质腐烂,喂前应注意检查。

(三)矿物质饲料

矿物质饲料是补充动物常量元素和微量元素需要的饲料。它包括人工合成的、天然单一的和多种混合的矿物质饲料,以及配合在载体中的微量、常量元素补充料。在各种植物性和动物性饲料中都含有动物所必需的常量与微量元素,但往往不能满足动物生命活动的需要量。因此,应补充所需的矿物质饲料。

1. 常量元素补充料

(1)含氯、钠饲料 钠和氯都是蛋鸡需要的重要元素,常用食盐补充。食盐中含氯60%,含钠40%,碘盐还含有0.007%的碘。饲料用盐多为工业盐,含氯化钠95%以上。食盐在蛋鸡日粮中用量一般为0.25%~0.4%。使用含盐量高的鱼粉、酱渣等饲料时,应调整日粮食盐添加量。

(2)含钙饲料

①石粉 主要是指石灰石粉,为天然的碳酸钙。石粉中含纯钙35%以上,是补充钙最廉价、最方便的矿物质饲料。品质良好的石灰石粉与贝壳粉,必须含有约38%的钙,而且镁含量不可超过0.5%,只要铅、砷和氟的含量不超过安全系数,都可用于蛋鸡饲料。

②石膏 石膏的化学分子式是$CaSO_4 \cdot 2H_2O$,为灰色或白色结晶性粉末。有两种产品,一种是天然石膏的粉碎产品,一种是磷酸制造工业的副产品,后者常含有大量的氟,应予注意。石膏的含钙量在20%~30%之间,变动较大。

③蛋壳和贝壳粉 新鲜蛋壳与贝壳(包括蚌壳、牡蛎壳、蛤蜊壳、螺蛳壳等)烘干后制成的粉含钙达24.4%~26.5%,同时含有一些有机物,如蛋壳粉含粗蛋白质达12.42%。因此,用鲜蛋壳与贝壳制粉应注意消毒以防蛋白质腐败,甚至带来传染病。但海滨堆积多年的贝壳,其内部有机质已消失,是良好的碳酸钙饲料,一般含碳酸钙96.4%,折合含钙量38.6%。

此外,大理石、熟石灰、方解石和白垩石等都可作为蛋鸡的补钙饲料。

微量元素预混料常使用石粉或贝壳粉作为稀释剂或载体,而且所占配比很大,配料时应把它的含钙量计算在内。

(3)含钙、磷饲料 蛋鸡常用的钙、磷补充饲料有骨粉和磷酸氢钙。骨粉是以家畜骨骼为原料,经高压蒸煮灭菌后,再粉碎而制成的产品。骨粉含钙 24% ~ 30%，磷 10% ~ 15%。骨粉品质因加工方法而异，选用时应注意磷含量和防止腐败。磷酸氢钙为白色或灰白色粉末，含钙不低于 23%，含磷不低于 18%，铅含量不超过 50 毫克/千克，氟含量不宜超过 0.18%。磷酸氢钙的钙、磷利用率高，是优质的钙、磷补充料。蛋鸡日粮的磷酸氢钙不仅要控制其钙、磷含量，尤其要注意含氟量。蛋鸡日粮中所用钙、磷补充料，在选用或选购时应考虑纯度、有害元素含量、细度、钙磷利用率和价格等。以单位可利用量的单价最低为选购原则。

2. 微量元素补充料 盐类饲用品多为化工生产的各种微量元素的无机盐类和氧化物。近年来，微量元素的有机酸盐和螯合物以其生物效价高和抗营养干扰能力强受到重视。常需补充微量的元素有铁、铜、锰、锌、钴、碘和硒等。

(1) 铜饲料　碳酸铜[$CuCO_3 \cdot Cu(OH)_2 \cdot H_2O$]、氯化铜($CuCl_2$)、硫酸铜($CuSO_4$)等皆可作为含铜的饲料。硫酸铜不仅生物学效价高，同时还具有类似抗生素的作用，饲用效果较好，应用比较广泛，但其易吸湿返潮，不易拌匀。饲料用的硫酸铜有 5 水的和 1 水的两种，细度要求通过 200 目筛。

(2) 含碘饲料　比较常用的含碘化合物有碘化钾(KI)、碘化钠(NaI)、碘酸钠($NaIO_3$)、碘酸钾(KIO_3)、碘酸钙[$Ca(IO_3)_2$]。前几种碘化物不够稳定，易分解而引起碘的损失。碘酸钙在水中的溶解度较低，也较稳定，生物效价和碘化钾近似，在国外常被应用，在我国多用碘化钾。

(3) 铁饲料　硫酸亚铁($FeSO_4 \cdot H_2O$)、碳酸亚铁($FeCO_3 \cdot H_2O$)、三氯化铁($FeCl_3 \cdot 7H_2O$)、柠檬酸铁铵[$Fe(NH_3)C_6H_8O_7$]、氧化铁(Fe_2O_3)等都可作为含铁的饲料，其中硫酸亚铁的生物学效价较好，氧化铁最差。含 7 个结晶水的硫酸亚铁($FeSO_4 \cdot 7H_2O$)可含铁 20.1%，因吸湿性强易结块，不易与饲料拌匀，使用前需脱水。含 1 个结晶水的硫酸亚铁($FeSO_4 \cdot H_2O$)含铁 31% ~ 33%，经过专门烘干焙烧，过20目筛后可作为饲料用。硫酸亚铁对营养物质有破坏作用，在消化、吸收过程中常使理化性质不稳定的其他微量化合物的生物学效价降低。

(4)含锰饲料　碳酸锰($MnCO_3$)、氧化锰(MnO)、硫酸锰($MnSO_4 \cdot 5H_2O$)都可作为含锰的饲料。氧化锰由于烘焙条件不同，纯度不一，含锰量为55%～75%，一般饲料级的含锰量多在60%以下，呈绿色。其他品种的锰化合物价格都比氧化锰贵，所以氧化锰的用量也较大。饲料用氧化锰的细度要求通过100目筛，最低的含锰60%。

(5)含硒饲料　硒既是蛋鸡所必需的微量元素，又是有毒物质，根据报道超量投喂有致癌作用。补硒一般以亚硒酸钠的形式添加。亚硒酸钠是有毒的，必须有专业人员配合处理，添加量有严格限制，一定要均匀配合到饲料中。必须以硒预混料的形式添加，这种预混合料硒的含量不得超过200毫克/千克，每吨饲料中添加量，不得超过0.5千克(其中硒含量不超过100毫克)。

(6)含锌饲料　氧化锌(ZnO)、碳酸锌($ZnCO_3$)、硫酸锌($ZnSO_4$)均可作为含锌的饲料。氧化锌的含锌量为70%～80%，比硫酸锌含锌量高约1倍，价格也比硫酸锌便宜，但生物学效价低于硫酸锌。饲料用的氧化锌细度要求100目。

3. 天然矿物质饲料资源的利用　一些天然矿物质，如麦饭石、沸石和膨润土等，它们不仅含有常量元素，更富含微量元素，并且由于这些矿物质结构的特殊性，所含元素大都具有可交换性或溶出性，因而容易被动物吸收利用。研究证明，向饲料中添加麦饭石、沸石和膨润土可以提高蛋鸡的生产性能。

(1)麦饭石　其主要成分为氧化硅和氧化铝，另外还含有动物所需的多种矿物元素，如钙、磷、镁、钠、钾、锰、铁、钴、铜、锌和硒等。而有害物质铅、镉、砷、汞和6价铬都低于世界卫生组织建议标准及有关文献值。麦饭石具有溶出和吸附两大特性，能溶出多种对蛋鸡有益的微量元素,吸附对蛋鸡有害的物质如铅、镉和砷等,可以净化环境。

(2)*沸石* 天然沸石是碱金属和碱土金属的含水铝硅酸盐类,主要成分为氧化铝,另外还含有动物需要的多种矿物元素,如钠、钾、镁、铁、铜、锰和锌等。沸石所含的有毒元素铅、砷都在安全范围内。天然沸石的特征是具有较高的分子孔隙度、良好的吸附性、离子交换及催化性能。

(3)*膨润土* 膨润土的特征是阳离子交换能力很强,具有非常显著的膨胀和吸附性能。膨润土含有磷、钾、铜、铁、锌与锰等动物所需的常量和微量元素。由于膨润土具有很强的离子交换性,这些元素容易交换出来为动物所利用,因此膨润土可以作为动物的矿物质饲料加以利用。

(四)维生素饲料

来源于动、植物的某些饲料富含某些维生素,例如鱼肝富含维生素 A 和维生素 D,种子的胚富含维生素 E,酵母富含 B 族维生素,水果与蔬菜富含维生素 C,但都不划为维生素饲料类。只有经加工提取的浓缩产品和直接化学合成的产品方属本类。鱼肝油、胡萝卜素就是来自天然动、植物的提取产品,属于此类的维生素是人工合成的产品。目前,依其溶解性将维生素分成两类:脂溶性维生素和水溶性维生素。前者包括维生素 A、维生素 D、维生素 E、维生素 K,后者包括全部 B 族维生素和维生素 C。脂溶性维生素只有碳、氢、氧 3 种元素,而水溶性维生素有的还含有氮、硫和钴。

三、添加剂和动物源性饲料的使用与监控

随着人民生活水平的提高,人们对食物的卫生安全性越来越关注。环境中的有毒有害成分最终可以通过食物链经植物性食物

和动物性食物部分或全部转入人体中,从而对人体产生毒害作用与致病作用。饲料作为动物的日常饲粮,其卫生与安全程度在很大程度上决定着动物性食品的卫生安全性,不仅对养殖业的经济效益有着重要影响,而且与人类健康密切相关。在肉、乳、蛋等动物性食物消费量日益增多的今天,探讨影响饲料卫生安全性的添加剂和动物源性饲料的使用与监控,无疑具有重要意义。

随着集约化畜牧业的发展,兽药的使用范围也在扩大,在兽药应用品种构成中,治疗药品的比重在下降。近年来,美国在兽用药品应用方面,饲料添加剂占46%,治疗药品占43%,疫苗等生物药品占11%。在饲料添加剂中抗生素用量占有相当大的比重。1996年全球抗生素饲料添加剂用量已占全部饲料添加剂用量的45.8%。我国近年兽药业发展亦很快,1987~1998年共研制出247种新兽药,平均每年有22.5种新兽药(含生物制品)上市。兽药的广泛运用,带来的不仅是畜牧业的增产,同时也带来了兽药的残留。现代畜牧业生产的发展,不可能脱离兽药的使用。要保证动物性食品中药物残留量不超过规定标准,必须遵守用药规则,并通过法定的残留检测方法来加以监控。

(一)药物饲料添加剂的使用与监控

禽蛋产品中药物残留与使用药物的种类、剂量、时间及动物品种、生长期有关。不同的兽药品种在禽体内的代谢规律不一。据报道,含新霉素饲料(140毫克/千克)饲喂3周龄蛋鸡,14天后,在肌肉、肝脏、脂肪组织中均未产生可以检测出的残留,但肾脏中有明显的残留,休药10天后,肾脏未检测出新霉素残留。恩诺沙星以100毫克/千克拌料连续用药7天,停药6天后肌肉中检测不到药物,肝、肾中总残留量分别为0.01±0.004微克/克、0.021±0.081微克/克。

为了保证畜牧业的正常发展及畜产品品质,发达国家规定了用于饲料添加剂的兽药品种及休药期。我国政府也颁布了类似的法规规定。但由于监控乏力，有的饲料厂或饲养场(户)为牟取暴利，无视法规规定，超量添加药物，甚至非法使用违禁药品。如果这一状况没有得到有效的控制，兽药在畜禽产品中的残留将比动物疫病对人类的危害更大。

为了扼制这种状况的继续发展，除进一步完善兽药残留监控立法外，还应加大推广合理规范使用兽药配套技术的力度，加强饲料厂及养殖场（户）对药物和其他添加物的使用管理，最大限度地降低药物残留，使兽药残留量控制在不影响人体健康的限量内。

(二)绿色饲料添加剂的开发与应用

净化环境、食品安全与人类的健康将是新世纪人们普遍关注的热点问题。合理使用营养性饲料添加剂，逐步减少、直至取消药物饲料添加剂，开发无污染、无公害、无残留的新型饲料添加剂，是今后发展的必然趋势。所谓绿色饲料添加剂是指添加于饲料中无论时间长短，都不会产生毒副作用，即无有害物质在畜、禽体内和产品内残留，能够提高畜产品质量和品质，对消费者的健康有益无害，对环境无污染的饲料添加剂。

国外从20世纪80年代、我国从90年代以来，已逐步开发了一些无污染、对人体无害的新型绿色饲料添加剂。

1. 酶制剂类

(1)酶制剂的功能　①酶制剂可以提高内源酶不能作用的多糖和蛋白质的利用率。②酶制剂可打破饲料中一般不能被内源酶分解的特定化学链，得到更多的营养物质。③外源酶制剂可克服幼年动物由于内源酶产生不足所引起的消化不良。④酶制剂可降解许多饲料中的抗营养因子，增加饲料的营养价值。

(2)饲用酶制剂在家禽上的应用　美国克米(Kemin)公司在蛋鸡饲料中，加入500克/吨饲料的“八宝威”，可使产蛋量增加7%以上,而蛋的大小保持不变。我国车永顺等在蛋鸡全价日粮中添加纤维素酶、胰蛋白酶的混合酶制剂,结果提高产蛋率7.48%,饲料消耗下降5.97%。

(3)植酸酶的应用 规模化的畜禽养殖已使磷污染日趋严重,动物排泄磷污染严重的主要原因是由于单胃动物缺乏内源植酸酶,使得日粮中的植酸盐利用性很差。植酸盐在谷物中含1%~1.5%,在总磷中占50%~80%。

饲料中的植酸盐是动物生长和骨骼发育所需磷的重要来源,但单胃动物几乎无法利用这种形式的磷。植酸盐是一种普遍的抗营养素,在禽类及其他单胃动物肠道中,它与二价阳离子不可逆转地形成螯合物,并阻碍氨基酸的吸收,因此必须从饲料中除去它。另外,当把动物粪便施入土地时,其中的植酸盐及螯合物就成了土壤及水的主要污染来源。植酸酶能提高植酸磷的利用率,除去抗营养因子和减少污染。因此,在家禽及其他单胃动物日粮中成功地利用植酸酶的价值超过任何其他单一的或复合酶的综合效益。

(4)酶制剂的安全性 酶制剂的生产多数靠微生物发酵。因此,对微生物菌种的监控是保证产品高效安全的关键。另外,由于基因重组等高新技术在改造菌种中的应用,对基因工程菌株的安全性评价也是十分必要的。同时,防止有害微生物及重金属污染也是酶制剂产品是否安全的保证。

2. 酸制剂类 饲料中添加的酸制剂多采用酸性的饲料添加物,可分为有机酸和无机酸。有机酸主要有柠檬酸、延胡索酸等,常用的无机酸为磷酸。

(1)饲料酸制剂的作用

第一,饲料中添加有机酸和无机酸可作为在不用抗生素的条件下保护动物健康的一种方法。酸制剂可降低饲料的pH值,抑制某些病原菌的生长。

第二,酸制剂直接刺激口腔的味蕾细胞,使唾液分泌增多,促进食欲,提高蛋白质的消化率和蛋白质的沉积,有利于微量元素的吸收,增强抵御疾病的能力。

第三,添加有机酸可提高幼龄畜禽不成熟消化道的酸度,激活一些重要的消化酶,有利于营养物质的消化。

第四,酸化日粮既可抑制或防止肠道中大肠杆菌及其他有害微生物的寄居和繁殖,预防肠道疾病的发生,还可提高畜禽抗应激的能力。如柠檬酸、延胡索酸、乳酸、正磷酸等,这些酸制剂可有效控制肠道中的有害细菌,减少畜禽腹泻的发生。

(2)饲料酸制剂的应用效果　蛋鸡饲料中添加0.05%～0.15%的柠檬酸可显著提高产蛋率和平均蛋重。柠檬酸可作为高温条件下家禽抗热应激的饲料添加剂。可是,柠檬酸添加量超过1.5%可增加鸡的饮水量,并导致尿酸盐沉积、生长速度降低。孔宪军试验经初步试验认为,在蛋鸡饲料中添加柠檬酸能提高产蛋鸡的产蛋率,提高饲料报酬,减少破蛋率,从各试验组间对比看出,在蛋鸡饲料中添加0.2%柠檬酸最为合适。孙忠慧(2000)的研究结果与孔宪军(1999)的结果一致,蛋鸡日粮的最佳添加量为0.2%。

(3)酸化剂的安全性　目前,酸化剂已被广泛应用于畜牧业。一般酸化剂都可参与体内正常新陈代谢,而且由于消费者可接受性的限制,饲料中的酸化剂一般用量都不高。目前,我国许可使用的酸化剂,均可在许可使用范围内按正常生产需要使用。

3. 微生态制剂

(1)微生态制剂的作用机理　微生态制剂又叫益生素、促生素等。与抗生素相比,微生态的作用机理在理论上的进展还很小。目前主要有3种学说:①优势菌群学说;②菌群屏障学说;③微生物夺氧学说。

微生态制剂主要是通过下述途径在动物体内发挥其作用的:①补充有益菌群,改善消化道菌群平衡,预防和治疗菌群失调症;

②刺激机体免疫系统，提高机体免疫力；③参与菌群生存竞争，协助机体消除毒素和代谢产物；④改善机体代谢，补充机体营养成分，促进畜禽生长。

(2)微生态制剂在家禽饲养中的应用　于永波(1994)指出，15周龄育成鸡日粮中添加益生素，使日增重提高7.3%，料重比下降19.3%，死淘率下降36.4%。田允波等(1999)也指出，益生素可预防和治疗鸡白痢，也可使蛋鸡的生产期平均延长12天，而饲料消耗和死亡率均明显下降。冯国华(2000)研究表明，添加0.2%的益生素的佛山黄鸡与添加50毫克/千克的金霉素相比，料肉比提高2.3%($P \geq 0.05$)，期末粪便pH值差异不显著($P \geq 0.05$)，期末粪便含水量下降14.03%($P < 0.01$)。

(3)微生态制剂的安全性　目前，我国尚缺乏微生态制剂的统一标准，在产品管理上还明显存在盲区，这是一种严重的不安全因素。另外，微生态制剂的安全性问题还可源于菌株的内部。凌代文等对双歧杆菌属的50个菌株进行10种抗生素敏感性试验，结果发现，所有菌株均对多粘菌素、链霉素与新霉素产生耐药性，大多数菌株抗卡那霉素，较多菌株抗庆大霉素，所有菌株对红霉素、万古霉素和氯霉素敏感，但未进行耐药性的基因定位及耐药性的转移测定。如果菌种所携带的抗药基因发生转移，那将是更大的潜在威胁。

4. 低聚寡糖类　寡糖是碳水化合物的一组物质，由2~10个单糖单位通过糖苷键而连结的小聚合体，介于单体单糖与高度聚合的多糖之间，有甘露寡糖、果寡糖和大豆寡糖等。

(1)寡糖的代谢　单胃动物对碳水化合物的消化主要限制于α(1,4)糖苷键。它产生的内源性消化碳水化合物的酶如唾液淀粉酶对其他糖苷键的分解能力较弱或不能分解。除了由淀粉降解产生的麦芽糖或低聚糊精外，其他寡糖由于结构中α(1,4)糖苷键的比例小。因此，在很大程度上不能被单胃动物产生的消化酶分解，被称之为非消化性寡糖。这些寡糖由于不能被降解成单糖，所以基本上不能被小肠吸收，而直接进入小肠后部、盲肠、结肠、直肠。然而，寡糖能够被消化道后部寄生的微生物选择性地作为营养基质，最后被微生物降解为挥发性脂肪酸、二氧化碳等。人们对这种利用“选择性”的深入研究，构成近十几年来“寡糖在营养上应用”这一营养学界热点领域的基础之一。但是，当动物摄入过多寡糖时，将产生副作用，消化道后部寄生的微生物发酵过度，食物通过消化道加快，产生软粪，严重时动物产生腹泻。

(2)低聚糖作为饲料添加剂的生理功能　随着现代动物生理学及糖类生物化学等学科的发展，低聚糖对动物的生理功能逐渐被人们认识，主要表现在3个方面。

第一，低聚糖是动物肠道内有益菌的增殖因子，大部分能被有益菌发酵，从而促进有益菌增生；同时，产生的酸性物质降低了整个肠道的pH值，从而抑制了有害菌的生长，提高了动物防病抗病的能力。

第二，吸附肠道病原菌，对动物起保健作用。许多病原菌的细胞表面均含有键合碳水化合物的蛋白质，称为外源凝集素。它们能同消化道低聚糖结构的受体结合，使细菌粘附在这些组织壁上繁殖。调节选择适当的低聚糖，使之同细菌外源凝集素结合，以此来破坏细胞识别而不至于吸附到肠壁上。由于低聚糖不能被消化道内源酶分解，因此它们将携带粘附着的病原菌通过肠道，以防止病原菌在肠道内繁殖。

第三，充当免疫刺激的辅助因子。某些低聚糖具有提高药物和抗原免疫应答的能力，从而增加动物体液及细胞免疫的能力。

(3)寡糖的应用　饲料中添加少量的寡糖产品，可以显著地提高动物的增重、饲料转化率和机体的健康状态。近十几年来，在此方面已有不少报道。但是，由于寡糖种类不同、来源不同、动物的种类、饲养的环境条件不同，研究结果有较大的差异。OkuMukal

等(1994)研究发现,给84周龄产蛋鸡日粮添加低聚葡萄糖,显著提高了鸡的抗病力,但对产蛋率没有影响。据报道,在仔鸡饲料中添加1克/千克的甘露寡糖,仔鸡盲肠、屠体内沙门氏菌检出率分别为18%(对照组76%)和28%(对照组84%),并且存活率、饲料转化率、日增重等都有改善。

5.中草药添加剂 目前已广泛应用于增香除臭、提高食欲;促进生长、提高饲料转化率;营养保健、防治疾病;促进畜禽繁殖等范围。

(1)中草药添加剂的优点

①纯天然性 中草药所含的天然成分,能起到防病治病、促进生长发育的作用。其独特的优点是长期使用而无药物残留、无抗药性、药效不减和无毒副作用,是良好的"绿色"药物添加剂,而这正是抗生素等合成药物的最大缺陷。

②中草药添加剂功能齐全

一是营养作用。中草药所含的蛋白质、维生素等对动物机体有营养作用。

二是提高非特异性免疫力。如服用黄芪后可明显提高血中免疫球蛋白E和免疫球蛋白M含量;首乌、刺五加、党参可增加白细胞数,使吞噬功能加强;四君子汤、六味地黄丸和四物汤对体液免疫和细胞免疫有促进作用。

三是产生激素样作用,调整机体新陈代谢。如当归能抗维生素E缺乏症,黄芪可促进细胞的生理代谢作用。

四是抗应激作用。如生脉散延长动物生存时间,提高耐受力,使缺氧动物心肌中RNA含量增加。

五是抗生素样作用。如板蓝根、黄芩、贯众、双花等对革兰氏阳性和阴性病菌都具有抑制和杀灭作用;提高动物细胞的吞噬能力,促进抗体形成;并能预防病毒、真菌、原虫和螺旋体感染。

六是中草药添加剂有维生素样作用。可具双向调节作用和复合功能，并能改善饲料适口性，增加食欲，促进消化吸收，抗饲料的氧化和霉变等作用。

③中草药无药残、无抗药性、无毒副作用　由于中草药是由多种天然成分组成的，用药后，有用成分被吸收利用，其他成分不被吸收。因此，无药物残留。中药的抑菌机制不同于抗生素。抗生素是直接作用于细菌而将其杀灭的，由于大量、单纯、长期连续使用，病原微生物产生适应性、出现抗药性。而中药则是通过扶正祛邪的调理作用，恢复机体正常的生理状态（即恢复动物阴阳平衡状态），充分利用各味中草药相使、相恶、相畏、相杀等相互作用，提高了疾病防治效果，减少或避免了毒副作用，对机体生理功能无明显损害。

④中草药添加剂的环境保护效应　中药大多是天然植物，主要成分为生物碱、苷类、挥发油、树脂类、有机酸、色素、氨基酸、维生素及微量元素。添加于饲料内，不构成药残和环境污染，是真正的"环保型"添加剂。而合成药物如砷剂、铜剂等添加剂，长期在饲料中添加可造成严重的环境污染，损害人、禽健康，威胁人、禽生存。

(2)中草药添加剂的应用

①增香除臭，提高食欲　如大蒜具有特殊的蒜香味，可起到健胃、提高食欲作用。用甘草、白术、苍术、茴香等饲喂蛋鸡，使鸡舍臭味降低。

②改善肉品质　如用松针粉可使鸡肉鲜嫩可口，用大蒜、辣椒、胡椒和肉蔻使鸡蛋香味变浓。

③营养保健、防治疾病　如首乌、茴香、当归、黄芪等对糖、蛋白质、脂肪的代谢均有调节作用，增加动物营养，起到营养保健作用。

总之，中草药有其天然性、多功能性、无毒副作用、无药残、无抗药性的独特优势，是用于替代化学合成药物、激素类的理想饲料添加剂,这对于保护环境、促进畜牧业可持续发展,具有十分重大的意义。今后的开发研究,应查清中草药发挥疗效的主要成分,并通过提取和浓缩来提高中草药的疗效。此类添加剂的开发应用将越来越受到人们的重视。

(三)动物源性饲料的使用与监控

蛋鸡常用的动物源性饲料主要有鱼粉和肉骨粉或肉粉。

1. 鱼粉 由于所用鱼类原料、加工过程与干燥方法不同,其品质也不相同。鱼粉品质不良所引起的毒性问题主要有以下几种。

(1)霉变 鱼粉在高温多湿的状况下容易发霉变质。因此,鱼粉必须充分干燥。同时,应当加强卫生检测,严格限制鱼粉中霉菌和细菌含量。

(2)酸败 鱼类特别是海水鱼的脂肪,因含有大量不饱和脂肪酸,很容易氧化发生酸败。这样,鱼粉表面呈现红黄色或红褐色的油污状,具恶臭,从而使鱼粉的适口性和品质显著降低。同时,上述产物还可促使饲料中的维生素 A、维生素 D 与维生素 E 等被氧化破坏。因此,鱼粉应妥善保管,并且不可存放过久。

(3)食盐含量过多 我国对鱼粉的标准中规定,鱼粉中食盐的含量,一级与二级品应不超过 4%,三级品应不超过 5%。使用符合标准的鱼粉,不会出现饲粮中食盐过量的现象。但目前国内有些厂家出产的鱼粉,食盐含量过高,甚至达 15%以上。此种高食盐含量的鱼粉在饲粮中用量过多时,可引起食盐中毒。

(4)引起鸡胃糜烂 红鱼粉及发生自燃和经过高温的鱼粉中含有一种能引起鸡肌胃糜烂的物质——胃溃素。研究认为,胃溃素有类似组胺的作用,但活性远比组胺强。它可使胃酸分泌亢进,胃内 pH 值下降,从而严重地损害胃粘膜,使鸡发生肌胃糜烂,有时发生“黑色呕吐”。为了预防鸡胃糜烂的发生,最有效的办法是改进鱼粉干燥时的加热处理工艺,以防止毒物的形成。

2. 肉骨粉与肉粉 近来,人们对牛海绵状脑病(BSE;又称疯牛病)再熟悉不过了。究其病因,是用了有问题的肉骨粉喂牛引起的。因此,对肉骨粉的使用与监控引起了人们的密切关注。

鉴于此,英国对反刍动物饲料中添加肉骨粉制定了两个限制性法案。

第一,彻底禁止使用反刍动物制备蛋白质饲料饲喂反刍动物,以阻止被污染的饲料造成新的感染从而控制疯牛病。

第二,严禁在人的食品和动物饲料中添加特定的牛脏器。我国政府对控制疯牛病也做了大量工作。

虽然鸡是单胃动物,没有严格禁止使用肉骨粉,但在实际应用时,应防止用霉变的肉骨粉与肉粉喂鸡。应当加强卫生检测,严格限制其中的霉菌和细菌数量。

四、饲料收购、加工和调制的无公害化管理

配合饲料生产是把众多种类的饲料原料,经一定的加工工艺,按一定的配比生产出合格的产品。产品质量与原料的质量密切相关。只有严把原料收购关,同时注意饲料加工、调制过程的无公害化管理,才能生产出质优价廉的配合饲料。

(一)饲料收购的无公害管理

虽然组成配合饲料的原料种类繁多,但我国都制定了相应的质量标准。因此,原料收购过程中一定要严格遵守原料的质量标准,以确保原料质量。饲料原料的质量好坏,可以通过一系列的指标加以反映,主要包括一般形状及感官鉴定,有效成分及检测分析,杂质、异物、有毒有害物质的有无等。

1. 一般性状及感官鉴定 这是一种粗糙而原始的检测方法,但是由于其简易、灵活和快速的优点,常用于原料收购的第一道检

测程序。感官鉴定就是通过人体的感觉器官来鉴别原料是否色泽一致、发霉变质、结块及异物等。通过视觉来检测物料的形状、色泽、霉变、虫害、硬块、异物、夹杂物等。通过嗅觉来鉴别具有特殊气味的物料，检查有无霉味、臭味、氨味、焦煳味等。将样品放在手上或用指捻搓，通过触觉来检测粒度、硬度、粘稠性，有无附着物及估计水分的多少。必要时，还可通过舌舔或牙咬来检查味道。对于检查设施较为完善的地方，可借助于筛板或放大镜、显微镜等进行检查。一般性状的检查通常包括外观、气味、温度、湿度、杂质和污损等。

2. 有效成分分析

(1)概略养分　水分、粗蛋白质、粗脂肪、粗纤维、粗灰分和无氮浸出物总称六大概略养分。它们是反映饲料基本营养成分的常用指标。

(2)矿物质　在饲料中的矿物质，钙、磷和食盐的含量是饲料的基本营养指标。含量不足，比例不当，往往会引起相应的缺乏症。但如果使用过量时，就会破坏动物的正常代谢和生产过程。以上常量元素可通过常规法进行测定。

(3)饲料添加剂　饲料添加剂包括微量元素、维生素、氨基酸等营养添加剂和生长促进剂、驱虫保健剂等非营养性添加剂。在生产过程中，饲料添加剂用量很少，价格较高，要求极严。大部分添加剂的分析要借助于分析仪器，如紫外分光和液相色谱等，有时还采用微生物生化法和生物试验的方法加以检测。

3. 有毒有害物质的检测　饲料原料中含有的有毒物质大致可分为以下几类。

(1)霉菌所产生的毒素　如黄曲霉毒素、杂色曲霉毒素和棕色曲霉毒素等。

(2)农药残留　主要为有机氯农药残留、有机磷农药残留和贮粮杀虫剂残留等。

(3)原料自身的有毒物质　如棉籽饼(粕)中的棉酚,菜籽饼中的异硫氰酸酯等。

(4)铅、汞、镉、砷等重金属元素及受大气污染而附上的有毒物质　如烟尘中的3,4-苯丙芘对饲料的污染等。

(5)某些营养性添加剂的过量使用　如铜、硒等,用量过大同样会引起蛋鸡中毒。

有害物及微生物的含量符合相关标准的要求,制药工业的副产品不应作为蛋鸡饲料原料,应以玉米、豆饼为蛋鸡的主要饲料,使用杂饼粕的数量不宜太大,宜使用植酸酶减少无机磷的用量。

(二)加工和调制的无公害管理

饲料企业的工厂设计与设施卫生、工厂的卫生管理和生产过程卫生应符合国家有关规定,新接受的饲料原料和各批次生产的饲料产品均应保留样品。

1. 粉碎过程　饲料生产中应用谷物原料一般都先经过粉碎。粉碎后的物料粒径减小,表面积增大,在蛋鸡消化道内更多地与消化酶接触,从而提高饲料的消化利用率。通常认为表面积越大,溶解能力越强,吸收越好,但是事实不完全如此,吸收率取决于消化、吸收、生长、生产机制等。如饲料有过多粉尘,还会引起禽呼吸道、消化道疾病等。因此,粉碎谷物都有一个适宜的粒度。同时,粉碎粒度的情况也将直接影响以后的制粒性能,一般来说,表面积越大,调质过程淀粉糊化越充分,制粒性能越好,从而也提高了饲料的营养价值。

2. 配料混合过程　配料精确与否直接影响饲料营养与饲料质量。若配料误差很大,营养的配合达不到要求,一个给定的科学、合理配方就很难实现。

定期对计量设备进行检验和正常维护,以确保其精确性和稳定性。微量和极微量组分应进行预稀释,并应在专门的配料室内进行。

混合工序投料应按照先大量、后小量的原则，投入的微量组分应将其稀释到配料最大称量的5%以上。

同一班次应先生产不添加药物添加剂的饲料，然后生产添加药物添加剂的饲料。先生产药物含量低的药物，再生产药物含量高的药物。在生产不同的药物添加剂的饲料产品时，对所用的生产设备、用具、容器应进行彻底的清理。

3. 调质 制粒前对粉状饲料进行水热处理称为调质，通过调质可达到以下目的。

(1)提高饲料可消化性 调质的主要作用是对原料进行水热处理。在水热作用下，原料中的生淀粉得以糊化而成为熟淀粉。如不经调质直接制粒，成品中淀粉的糊化度仅14%左右；采用普通方法调质，糊化度可达30%左右；采用国际上新型的调质方法，糊化度则可达60%以上。淀粉糊化后，可消化性明显提高。因而，可通过调质达到增加饲料中淀粉利用率的目的。调质过程中的水热作用还使原料中的蛋白质受热变性，即蛋白质紧密的螺旋状结构在水热作用下因某些键断裂而变得结构松弛，结构松弛的蛋白质易于被酶解，饲料中的蛋白质就可被动物消化吸收得更充分。

(2)杀灭致病菌 当今饲料研究的一个热点是饲料的安全与卫生。采用安全卫生欠缺的饲料，得到的禽畜产品就难以保证安全卫生。饲料与动物健康的关系虽已被饲料研究和生产者注意，但目前国内众多饲料厂采用在饲料中加入各种防病、治病药物的方法有很多弊端。而大部分致病菌不耐热，可通过采用不同参数或不同的调质设备进行饲料调质，以有效地杀灭饲料中的致病菌、昆虫或昆虫卵，使饲料的卫生水平得到保证。同样配方的饲料，如经过高温灭菌后，鸡的发病率会明显下降。与药物防病相比，调质灭菌成本低，无药物残留，不污染环境，无副作用。

（三）包装、运输与贮存

第一，饲料包装应完整，无漏洞，无污染和异味。包装的印刷油墨应无毒，不向内容物渗漏。

第二，运输作业应保持包装的完整性，防止污染，不应使用运输畜、禽等动物的车辆运输饲料，运输工具和装卸场地应定期消毒。

第三，饲料保存于通风、背光、阴凉的地方，饲料贮存场地不应使用化学灭鼠药。保存时间夏季不超过10天，其他季节不超过30天。

五、蛋鸡的饲养标准

（一）饲养标准的含义、性质和局限性

1. 饲养标准的含义和性质　根据大量饲养试验结果和动物实际生产的总结，对特定的动物所需要的各种营养物质的定额做出规定，这种系统的营养定额的规定称为饲养标准。以上是饲养标准的传统定义。现行饲养标准的确切含义是系统地表述经试验研究确定的特定动物（包括不同种类、性别、年龄、体重、生理状态和生产性能等）的能量和各种营养物质需要量或供给量的定额数值，经有关专家组集中审定后，定期或不定期以专题报告性的文件由有关权威机关颁布发行。饲养标准或营养需要的指标及其数值大都体现在一定形式的表格或所给出的模式计算方法中。文件同时列出大量参考文献，主要饲料营养价值及确定需要量的原则等的扼要论述，供实用者参考或指导使用。

2. 饲养标准的局限性　饲养标准是动物饲养的准则，它能够使动物饲养者做到心中有数，不盲目饲养。但是，饲养标准并不能保证饲养者能养好各种动物。因为实际动物饲养中影响因素很

多,而饲养标准是具有广泛的普遍性的指导原则,不可能对所有影响因素面面俱到。例如,千差万别的饲料原料对需要和采食的影响,不同环境条件的影响,甚至市场、经济形势变化对饲养者的影响等。这些在饲养标准中未考虑到的影响因素,只能结合具体情况,灵活运用饲养标准。由上可见,饲养标准规定的数值并不是在任何情况下都一成不变,它随着饲养标准制定的条件以及外界因素的变化而变化,即使考虑了保险系数的饲养标准也同样不是固定不变的。

(二)国内蛋鸡的饲养标准

我国现行的《鸡的饲养标准》是1986年经农牧渔业部批准正式公布的。10多年来,随着品系选育和饲料营养科学的发展,蛋鸡的生产性能得到了极大的提高,76周龄的产蛋量已由15.5~17千克提高到17.5~19.5千克。在这种情况下,蛋鸡的新陈代谢强度在不断提高,原来的饲养标准已不能适应现代高产品系鸡的生产要求。因此,用最新的研究成果更新我国《鸡的饲养标准》,对科学配制日粮、充分发挥鸡的遗传潜力和生产性能,有着重要意义。

农业部近年来组织有关专家,根据我国的鸡品种、饲料原料和环境条件的实际情况,并借鉴世界其他国家先进的饲养标准和营养需要量,制定了新的《鸡的饲养标准》(送批稿)。有关蛋鸡部分饲养标准,GB-1986《鸡的饲养标准》将生长蛋鸡划分为0~6周龄、7~14周龄和15~20周龄3个阶段,新标准也划分为3个阶段,但在各阶段范围做了很大调整,即0~8周龄、9~18周龄和19周龄至开产(5%产蛋率)。19周龄至开产也叫产蛋预备期。这个阶段的营养需要量适当提高了蛋白质和钙的需要量,以增加蛋白质和钙的贮备,为产蛋做准备。GB-1986《鸡的饲养标准》将产蛋鸡划分为3阶段产蛋率(65%,65%~80%,>80%),而新标准根据生产实践和实用性,将产蛋率划分为2阶段,即开产至产蛋率>85%和

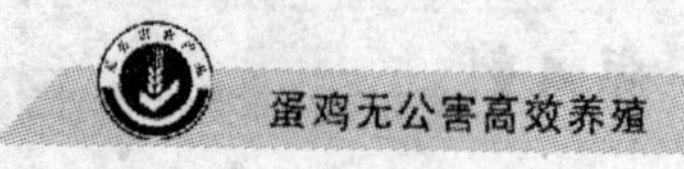

产蛋率<85%。

1. 生长蛋鸡营养需要量 本书采用新标准(送批稿)。生长蛋鸡营养需要量见表4-1。

表4-1 生长蛋鸡营养需要量*

项目	单位	0~8周龄	9~18周龄	19周龄至开产**
代谢能	兆焦/千克	11.91	11.70	11.50
粗蛋白质	%	19.0	15.5	17.0
蛋白能量比	克/兆焦	15.95	13.25	14.78
赖氨酸能量比	克/兆焦	0.84	0.58	0.61
赖氨酸	%	1.00	0.68	0.70
蛋氨酸	%	0.37	0.27	0.34
蛋氨酸+胱氨酸	%	0.74	0.55	0.64
苏氨酸	%	0.66	0.55	0.62
色氨酸	%	0.20	0.18	0.19
精氨酸	%	1.18	0.98	1.02
亮氨酸	%	1.27	1.01	1.07
异亮氨酸	%	0.71	0.59	0.60
苯丙氨酸	%	0.64	0.53	0.54
苯丙氨酸+酪氨酸	%	1.18	0.98	1.00
组氨酸	%	0.31	0.26	0.27
脯氨酸	%	0.50	0.34	0.44
缬氨酸	%	0.73	0.60	0.62
甘氨酸+丝氨酸	%	0.82	0.68	0.71
钙	%	0.90	0.80	2.00
总磷	%	0.70	0.60	0.55

续表 4-1

项　目	单　位	0~8周龄	9~18周龄	19周龄至开产
非植酸磷	%	0.40	0.35	0.32
钠	%	0.15	0.15	0.15
氯	%	0.15	0.15	0.15
铁	毫克/千克	80	60	60
铜	毫克/千克	8	6	8
锌	毫克/千克	60	40	80
锰	毫克/千克	60	40	60
碘	毫克/千克	0.35	0.35	0.35
硒	毫克/千克	0.30	0.30	0.30
亚油酸	%	1	1	1
维生素 A	单位/千克	4000	4000	4000
维生素 D	单位/千克	800	800	800
维生素 E	毫克/千克	10	8	8
维生素 K	毫克/千克	0.5	0.5	0.5
维生素 B_1	毫克/千克	1.8	1.3	1.3
维生素 B_2	毫克/千克	3.6	1.8	2.2
泛　酸	毫克/千克	10	10	10
烟　酸	毫克/千克	30	11	11
吡哆醇	毫克/千克	3	3	3
生物素	毫克/千克	0.15	0.10	0.10
叶　酸	毫克/千克	0.55	0.25	0.25
维生素 B_{12}	毫克/千克	0.010	0.003	0.004
胆　碱	毫克/千克	1300	900	500

* 蛋鸡营养需要根据中型体重鸡制订,轻型鸡可酌减10%

* * 开产日龄按5%产蛋率计算,下同

2. 产蛋鸡营养需要量 产蛋鸡营养需要量见表4-2。

表4-2 产蛋鸡营养需要量

项目	单位	开产至高峰期(>85%)	高峰后(<85%)	种鸡
代谢能	兆焦/千克	11.29	10.87	11.29
粗蛋白质	%	16.5	15.5	18.0
蛋白能量比	克/兆焦	14.61	14.26	15.94
赖氨酸能量比	克/兆焦	0.64	0.61	0.63
赖氨酸	%	0.75	0.70	0.75
蛋氨酸	%	0.34	0.32	0.34
蛋氨酸+胱氨酸	%	0.65	0.56	0.65
苏氨酸	%	0.55	0.50	0.55
色氨酸	%	0.16	0.15	0.16
精氨酸	%	0.76	0.69	0.76
亮氨酸	%	1.02	0.98	1.02
异亮氨酸	%	0.72	0.66	0.72
苯丙氨酸	%	0.58	0.52	0.58
苯丙氨酸+酪氨酸	%	1.08	1.06	1.08
组氨酸	%	0.25	0.23	0.25
缬氨酸	%	0.59	0.54	0.59
甘氨酸+丝氨酸	%	0.57	0.48	0.57
可利用赖氨酸	%	0.66	0.60	–
可利用蛋氨酸	%	0.32	0.30	–
钙	%	3.5	3.5	3.5

续表 4-2

项　目	单　位	开产至高峰期（>85%）	高峰后（<85%）	种　鸡
总　磷	%	0.60	0.60	0.60
非植酸磷	%	0.32	0.32	0.32
钠	%	0.15	0.15	0.15
氯	%	0.15	0.15	0.15
铁	毫克/千克	60	60	60
铜	毫克/千克	8	8	6
锰	毫克/千克	60	60	60
锌	毫克/千克	80	80	60
碘	毫克/千克	0.35	0.35	0.35
硒	毫克/千克	0.30	0.30	0.30
亚油酸	%	1	1	1
维生素 A	单位/千克	8000	8000	10000
维生素 D	单位/千克	1600	1600	2000
维生素 E	单位/千克	5	5	10
维生素 K	毫克/千克	0.5	0.5	1.0
维生素 B_1	毫克/千克	0.8	0.8	0.8
维生素 B_2	毫克/千克	2.5	2.5	3.8
泛　酸	毫克/千克	2.2	2.2	10
烟　酸	毫克/千克	20	20	30
吡哆醇	毫克/千克	3.0	3.0	4.5
生物素	毫克/千克	0.10	0.10	0.15
叶　酸	毫克/千克	0.25	0.25	0.35
维生素 B_{12}	毫克/千克	0.004	0.004	0.004
胆　碱	毫克/千克	500	500	500

3. 生长蛋鸡体重与耗料量　生长蛋鸡体重与耗料量见表4-3。

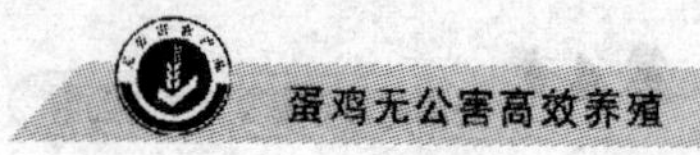

表 4-3　生长蛋鸡体重与耗料量

周　龄	周末体重(克/只)	耗料量(克/只)	累计耗料量(克/只)
1	70	84	84
2	130	119	203
3	200	154	357
4	275	189	546
5	360	224	770
6	445	259	1029
7	530	294	1323
8	615	329	1652
9	700	357	2009
10	785	385	2394
11	875	413	2807
12	965	441	3248
13	1055	469	3717
14	1145	497	4214
15	1235	525	4739
16	1325	546	5285
17	1415	567	5852
18	1505	588	6440
19	1595	609	7049
20	1670	630	7679

注:0～8 周龄为自由采食,9 周龄开始结合光照进行限饲

4. 产蛋鸡体重与耗料量　无论种蛋鸡还是商品蛋鸡,根据它们的成年体重,均分为轻型和中型两种。轻型和中型 18 周龄体重一般分别在 1 250 克和 1 500 克左右;60 周龄成年体重一般分别在

1 500 克左右和 2 000 克以上。轻型和中型鸡产蛋期耗料量建议为100 克/日和 115 克/日。

(三)国外蛋鸡的饲养标准

1. 伊萨生长鸡营养需要量 见表4-4。

表 4-4 伊萨生长鸡营养需要量

项 目	生长鸡周龄	
	0～8	9～20
代谢能(兆焦/千克)	11.92	11.3～11.51
粗蛋白质(%)	18.0	15.0
蛋氨酸(%)	0.45	0.30
蛋氨酸+胱氨酸(%)	0.80	0.53
赖氨酸(%)	1.05	0.66
钙(%)	1～1.10	1.1～1.2
有效磷(%)	0.48	0.40
钠(%)	0.20	0.20
锰(毫克/千克)	70.0	70.0
锌(毫克/千克)	55.0	55.0
铁(毫克/千克)	50.0	50.0
碘(毫克/千克)	1.0	1.0
铜(毫克/千克)	5.0	5.0
硒(毫克/千克)	0.30	0.20
钴(毫克/千克)	0.30	0.30
维生素 A(单位)	15000	10000

续表 4-4

项目	生长鸡周龄	
	0～8	9～20
维生素 D_3(单位)	3 000	2 000
维生素 B_1(毫克/千克)	1.0	1.0
维生素 B_2(毫克/千克)	5.0	5.0
吡哆醇(毫克/千克)	1.0	1.0
维生素 B_{12}(毫克/千克)	0.01	0.01
烟酸(毫克/千克)	25.0	25.0
泛酸(毫克/千克)	10.0	10.0
维生素 K_3(毫克/千克)	5.0	5.0
维生素 C(毫克/千克)	10.0	10.0
维生素 E(毫克/千克)	10.0	10.0
叶酸(毫克/千克)	0.50	0.50
生物素(毫克/千克)	0.10	—
胆碱(毫克/千克)	500	500

2. 伊萨蛋鸡营养需要量 见表 4-5。

表 4-5 伊萨蛋鸡营养需要量

项目	产蛋鸡周龄	
	19～35	35 以上
粗蛋白质(%)	19.0	18.0
蛋氨酸(%)	0.41	0.37
蛋氨酸+胱氨酸(%)	0.73	0.67
赖氨酸(%)	0.82	0.76
色氨酸(%)	0.19	0.17
苏氨酸(%)	0.57	0.53

续表 4-5

项　目	产蛋鸡周龄	
	19～35	35 以上
亚油酸(%)	1.40	1.40
钙(%)	3.8～4.2	4～4.4
有效磷(%)	0.42	0.40
钠(%)	0.16	0.16
锰(毫克/千克)	70.0	70.0
锌(毫克/千克)	60.0	60.0
铁(毫克/千克)	50.0	50.0
碘(毫克/千克)	1.0	1.0
铜(毫克/千克)	5.0	5.0
硒(毫克/千克)	0.15	0.15
钴(毫克/千克)	0.20	0.20
维生素 A(单位)	10 000	10 000
维生素 D_3(单位)	2 000	2 000
维生素 B_1(毫克/千克)	2.0	2.0
维生素 B_2(毫克/千克)	5.0	5.0
吡哆醇(毫克/千克)	3.0	3.0
维生素 B_{12}(毫克/千克)	0.01	0.01
烟酸(毫克/千克)	25.0	25.0
泛酸(毫克/千克)	10.0	10.0
维生素 K_3(毫克/千克)	5.0	5.0
维生素 E(单位/千克)	10.0	10.0
叶酸(毫克/千克)	0.50	0.50
胆碱(毫克/千克)	250	250

3. 迪卡蛋鸡营养需要量 见表4-6。

表4-6 迪卡蛋鸡营养需要量

项目		产蛋率(%)		
		87以上	80~87	80以下
粗蛋白质(%)		20.0	19.0	18.0
钙(%)		4.0~4.4	3.9~4.3	4.1~4.5
有效磷(%)		0.52	0.51	0.51
钠(%)		0.21	0.21	0.21
亚油酸(%)		1.59	1.57	1.45
赖氨酸(%)		0.86	0.85	0.80
蛋氨酸(%)		0.42	0.415	0.39
蛋氨酸+胱氨酸(%)		0.74	0.73	0.685
色氨酸(%)		0.22	0.215	0.205
异亮氨酸(%)		1.005	0.985	0.93
缬氨酸(%)		0.86	0.85	0.80
苯丙氨酸(%)		0.92	0.905	0.855
苏氨酸(%)		0.74	0.73	0.685
精氨酸(%)		1.005	0.985	0.93
亮氨酸(%)		1.505	1.48	1.39
组氨酸(%)		0.4	0.395	0.37
代谢能	(16℃,兆焦/千克)	14.94	14.73	14.73
	(22℃,兆焦/千克)	13.81	13.60	13.60
	(28℃,兆焦/千克)	12.68	12.47	12.47

六、蛋鸡饲料的配制

(一)饲料配合的原则

饲料配合的依据是饲养标准。因此,在为蛋鸡设计日粮时必须选择适宜的饲养标准。饲料配合的基本原则要保证配合饲料的科学性、营养性、安全性和实用性。

1. 科学性 配合饲料的科学性首先要求我们要灵活应用饲养标准。饲养标准是在特定环境下对一定生理阶段动物生产水平的总结,而实际生产中的条件并不完全符合制定饲养标准时的条件。因此,配制日粮时应尽可能根据自己的具体情况适当调整饲养标准中的数值,对饲养标准中的某些营养指标可上下浮动10%,但能量和蛋白质等营养素比例一定要适合饲养标准的要求。动物具有为能量而食的本性,当日粮能量浓度发生变化时,蛋鸡能够通过调节采食量来调节代谢能的进食量。在设计日粮配方时,可根据原料种类和生产水平确定一个经济适宜的能量水平,然后按照饲养标准中的比例关系调节其他营养物质的含量。

2. 营养性 饲料配合的营养基础是动物营养学,饲养标准则概括了动物营养学的基本内容,列出了正常条件下蛋鸡对各种营养素的需要量,为配合饲料的配制提供了理论依据。动物的营养需要要通过多种饲料的合理搭配来完成,所以饲料成分及营养价值表同样是配合饲料不可少的依据。同时应注意,不同地区、不同气候条件下生长的饲料原料营养价值亦有差异。所以,应对所选用的饲料原料及时进行实测。蛋鸡配合日粮不仅要求符合单一养分的需要量,还要通过平衡各营养素之间的比例,调整各原料之间的配比关系,最终保证日粮的营养全价性。

3. 安全性 养鸡业成本75%来自饲料,饲料质量的好坏直接影响到养鸡水平的高低,影响最终产品的质量。可否作为无公害食品,首要的也是最关键的问题是饲料是否优质。饲料原料是否无污染、无农药残留,加工过程尽量不额外添加抗生素,杜绝使用激素,避免产生公害物质,这是生产绿色饲料的前提。

4. 实用性 制作饲料配方,应使饲料组成适应不同品种、不同生理阶段蛋鸡的特点,同时要考虑动物的采食量,使拟订的日粮量和动物的采食量相符合,既不能使动物吃不了,也不能使动物吃不饱。

(二)配制鸡饲料应注意的事项

1. 注意季节的变化 鸡每天采食量的多少,与天气变化有密切的关系。一般在冬天采食量大,因为除了维持生产与生命活动外,还要御寒。而夏天采食量小,主要是由于天气炎热,造成热应激而使食欲下降。因此,为了更合理地利用蛋白质,在配料时,就要考虑到在冬季采食量多的时候,把饲料中蛋白质的含量水平适当降低一些;在夏季采食量降低时,把饲料中的蛋白质水平适当提高一些,以保证生产的需要。

2. 注意饲料营养成分 由于自用的饲料配方的各种营养成分是根据饲料统一成分表计算出来的,难免与实际营养比例有一定的差距。也就是说,虽然按计算符合饲料标准规定,但实际可能使某种养分和代谢能偏高或偏低。饲养者应在生产中密切观察、分析实际效果,必要时应到相关部门进行营养成分分析。

3. 注意配料要均匀 配料时一定要搅拌均匀。对配方中比例较小的成分,如维生素、微量元素及预防药物等要先进行预混合处理,就是先将上述成分与少量饲料配合一下后,再与大量饲料混合,用这种逐渐扩大混合的方法来保证混合饲料的均匀。

4. 注意饲料要适量 在配料的过程中应根据养殖量的大小配料,不宜一次配料量过多,否则不能保证饲料的新鲜。特别是一些维生素及一些微量元素等,放置时间过长,就会造成营养成分流失或破坏。

(三)蛋鸡日粮配方的设计方法

饲料的配方是否科学、合理,是决定配合饲料质量和成本的关键。在当今饲料原料种类繁多、日粮营养要求均衡、全面的今天,饲料配方的设计日益重要。

1. 全价饲料配方的设计 常用的方法有试差法、交叉法、联立方程法和计算机模型法等。目前生产中常用的方法为试差法和计算机模型法。这里主要介绍试差法。

这种方法是目前国内普遍采用的方法。具体步骤为:①根据经验确定各种原料的大致比例,然后用该比例乘以该原料所含的各种营养成分,再将各原料相同营养成分相加,即得到该配方的每种养分的总量;②将以上结果与饲养标准进行对照,若有任一养分缺乏或不足,可通过改变相应原料的比例进行调整,直至所有指标都基本满足要求为止。

例如,以玉米、麸皮、豆饼、棉仁饼、鱼粉、骨粉、石粉和维生素、微量元素预混料为原料,配合0~8周龄产蛋雏鸡的饲料。

第一步,列出0~8周龄产蛋雏鸡饲养标准(表4-7)。

表4-7 0~8周龄产蛋雏鸡的饲养标准

代谢能(兆焦/千克)	粗蛋白质(%)	钙(%)	总磷(%)	赖氨酸(%)	蛋氨酸(%)	蛋+胱氨酸(%)
11.91	19	0.9	0.7	1.0	0.37	0.74

第二步,根据饲料成分表查出所用各种饲料的养分含量(表4-8)。

表 4-8 饲料的养分含量

饲料名称	代谢能(兆焦/千克)	粗蛋白质(%)	钙(%)	总磷(%)	赖氨酸(%)	蛋氨酸(%)	蛋+胱氨酸(%)
玉　米	14.06	8.6	0.04	0.21	0.27	0.13	0.18
麸　皮	6.57	14.4	0.18	0.78	0.47	0.15	0.33
豆　饼	11.05	43	0.32	0.50	2.45	0.48	0.60
棉仁饼	8.16	33.8	0.31	0.64	1.29	0.36	0.38
鱼　粉	12.13	62	3.91	2.90	4.35	1.65	0.56
骨　粉	—	—	36	16—	—	—	—
石　粉	—	—	36	—	—	—	—

第三步,按能量和蛋白质的需要量初拟配方,根据实践经验确定各种饲料的比例(表 4-9)。

表 4-9 初拟配方

饲料名称	配比(%)	代谢能(兆焦/千克)	粗蛋白质(%)
玉　米	60	8.436	5.16
麸　皮	10	0.657	1.44
豆　饼	19	2.100	8.17
棉仁饼	5	0.408	1.69
鱼　粉	3	0.364	1.86
合　计	97	11.965	18.32
标　准		11.91	19.0

第四步,调整配方,使能量和蛋白质符合饲养标准规定的量。根据比较,饲粮中代谢能比标准高 0.055 兆焦/千克,粗蛋白质低 0.68%。用能量较低和蛋白质较高的豆饼代替玉米,每代替 1% 可使能量降低 0.03 兆焦/千克[(14.06 - 11.05) × 1%],粗蛋白质

提高0.34%[(43-8.6)×1%]。可见,只要代替2%,饲粮能量和粗蛋白质均与标准接近,而且蛋能比与标准符合。则配方中豆饼改为21%,玉米改为58%。

第五步,计算矿物质和氨基酸饲料的用量。根据上述配方计算得知,饲粮中钙比标准低0.657%,磷比标准低0.268%(表4-10)。因骨粉中含有钙和磷,所以先用骨粉来满足磷,需骨粉1.68%(0.268÷16),1.68%可为饲粮提供钙0.60%(36%×1.68%)。这样钙尚缺0.057%,可补石粉0.16%(0.057÷36)。赖氨酸含量比标准低出0.08%,蛋氨酸和胱氨酸比标准低0.452%,可用蛋氨酸添加剂来补充。原估计矿物质饲料和添加剂约占饲粮的3%,现计算结果骨粉为1.68%,石粉为0.16%,食盐为0.30%,补加蛋氨酸0.452%,维生素和微量元素添加剂为1%,总和为3.17%,比估计值高0.17%。像这样的结果不必再算,可在玉米或麸皮中或二者中扣除即可。

表4-10 饲粮中钙、磷和氨基酸含量与标准比较 (%)

饲料名称	配比	钙	磷	赖氨酸	蛋氨酸	蛋+胱氨酸
棉仁饼	5	0.016	0.032	0.065	0.018	0.019
鱼粉	3	0.117	0.087	0.131	0.050	0.017
豆饼	21	0.067	0.105	0.515	0.101	0.108
麸皮	11	0.020	0.086	0.052	0.017	0.036
玉米	58	0.023	0.122	0.157	0.075	0.108
合计	97	0.243	0.432	0.920	0.267	0.288
标准		0.9	0.70	1.0	0.37	0.74
与标准比较		-0.657	-0.268	-0.08	-0.103	-0.452

第六步,列出配方及主要营养指标(表4-11)。

表 4-11 0~8 周龄产蛋雏鸡的饲料配方及营养水平

饲料名称	配比(%)	营养水平	
玉 米	58	代谢能(兆焦/千克)	11.91
麸 皮	10.88	粗蛋白质(%)	19.00
豆 饼	21	钙(%)	0.9
棉仁饼	5	磷(%)	0.7
鱼 粉	3	赖氨酸(%)	0.92
骨 粉	1.75	蛋+胱氨酸(%)	0.74
食 盐	0.37		
蛋氨酸	0.452		
维生素预混料	0.5		
微量元素预混料	0.5		

2. 浓缩饲料的配方设计 ①根据鸡的不同生长阶段,设计出全价配合饲料配方。②将配方中蛋白质饲料、矿物质饲料及其他添加剂饲料在全价饲料中的百分数相加,相加后的数值可定为配方设计的系数(表 4-12)。

表 4-12 蛋鸡产蛋期全价饲料配方与浓缩料配方

饲料名称	全价料配方(%)	34.3%浓缩料配方	40%浓缩料配方
玉 米	60	—	—
麸 皮	5.7	—	14.2
豆 粕	21	61.3	52.5
鱼 粉	2	5.8	5
骨 粉	2	5.8	5
贝壳粉	8	23.3	20
食 盐	0.3	0.9	0.8
1%预混料*	1	2.9	2.5

*1%预混料是从市场上购买的

将豆粕、鱼粉、骨粉、贝壳粉、食盐和1%预混料的百分数相加,即:21% + 2% + 2% + 8% + 0.3% + 1% = 34.3%。34.3%就是浓缩料的配制系数。用浓缩料中的各种原料的百分数除以系数0.343,即得浓缩料配方。进一步计算出浓缩料的营养水平(主要指能量和粗蛋白质)。

3. 添加剂预混料配方的设计 在实际生产过程中,许多饲料添加剂的添加量非常少,有的仅占全价饲料的万分之几。若将这些饲料添加剂直接加入配合饲料中,将导致混合不匀,费工费时。我们先分类将它们配合成添加剂预混料,稀释成浓度较低的饲料再投入全价饲料中混合。

我们通常讲的添加剂预混料指维生素预混料、微量元素预混料及复合预混料。

(1)维生素预混料的配制 根据鸡的饲养标准查出各种维生素的需要量。饲养标准中所规定的需要量仅为最低需要量。因此,将基础日粮中维生素的含量忽略不计,甚至可在饲养标准的基础上添加一定系数的维生素,以确保其活性成分含量。

例:设计一个添加量为0.1%的产蛋鸡维生素预混料配方。

第一步,依据饲养标准,列出产蛋鸡日粮各种维生素需要量(表4-13)。

表4-13 产蛋鸡各种维生素需要量 (单位:毫克/千克)

种类	维生素A(单位)	维生素 D_3(单位)	维生素E(单位)	维生素K	维生素 B_1	维生素 B_2	烟酸	泛酸	生物素	叶酸	维生素 B_{12}
需要量	8000	1600	5	0.5	0.8	2.5	20	2.2	0.1	0.25	0.004

第二步,根据维生素需要量、规格换算成商品原料量(表4-14)。

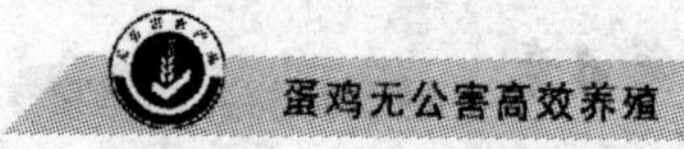

表 4-14　产蛋鸡维生素预混料各种原料需要量

种　类	维生素A（粉末）	维生素D（粉末）	维生素E（粉末）	商品维生素K	商品维生素B_1	商品维生素B_2	商品烟酸	商品泛酸	商品型生物素	商品叶酸	商品型维生素B_{12}	合计
规　格	50万（单位/克）	50万（单位/克）	1000（单位/克）	50%	98%	96%	99%	50%	98%	98%	1%	
商品需要量（毫克）	16	3.2	5	1	0.9	2.6	20.2	4.4	0.1	0.3	0.4	54.1

第三步，计算出载体用量（1克－0.0541克＝0.9459克），最后列出配方中各种原料需要量（表4-15）。

表 4-15　产蛋鸡维生素预混料各种原料与载体需要量　（单位：毫克）

种　类	维生素A	维生素D_3	维生素E	维生素K	维生素B_1	维生素B_2	烟酸	泛酸	生物素	叶酸	维生素B_{12}	载体
需要量	16	3.2	5	1	0.9	2.6	20.2	4.4	0.1	0.3	0.4	945.9

（2）微量元素预混料的配制

例：设计一个添加量为0.1%的产蛋鸡微量元素预混料配方。

第一步，依据饲养标准，列出产蛋鸡日粮各种微量元素的需要量（表4-16）。

表 4-16 产蛋鸡日粮各种微量元素需要量 (单位:毫克/千克)

种 类	铜	铁	锰	锌	硒	碘
需要量	8	60	60	80	0.3	0.35

第二步,根据微量元素需要量、规格换算出商品原料量(表 4-17)。

表 4-17 产蛋鸡微量元素预混料各种原料需要量

原料名称	五水硫酸铜	七水硫酸亚铁	一水硫酸锰	七水硫酸锌	五水硫酸硒	碘化钾
微量元素含量(%)	25.6	20.1	32.5	22.7	30.0	76.4
原料纯度(%)	96	98.5	98	99	95	98
商品需要量(毫克)	33.2	303.0	188.4	356	1.1	0.4

第三步,计算出载体用量(1000 克 - 0.882 克 = 999.118 克),最后列出配方中各种原料的需要量(表 4-18)。

表 4-18 产蛋鸡微量元素预混料各种原料与载体需要量
(单位:毫克/千克)

原料名称	硫酸铜	硫酸亚铁	硫酸锰	硫酸锌	亚硫酸钠	碘化钾	载体
需要量	33.2	303.0	188.4	356	1.1	0.4	999118

(3)复合预混料的配制 是将氨基酸类、维生素类、微量元素类和药物类添加剂配在一起。方法同上。

(四)用户如何正确使用预混料与浓缩料

目前,对于中小型饲料厂和广大养殖户来说,由于鉴别原料真伪的能力有限,且不具备成套的化验设备。因此,使用大型厂家生产的预混料既可保证产品质量,又省去到处购买原料的麻烦。但是,用户应按下列方法使用预混料和浓缩料。

1. 灵活使用推荐配方 饲料标签或产品包装袋上推荐的配方只是一种通用的配方。各地饲料种类不同,同种饲料不同产地其营养价值也有差异。因此,养殖户应根据地区的饲料特点,选择适宜的预混料及适合本地区的最佳配方。养殖户也可以直接向预混料供应商索取适合本地饲料特点的配方,才会收到理想的应用效果。

2. 区分同类预混剂与复合预混料 预混料分为两种:一种是由同一种类的多种饲料添加剂配制而成的均质混合物,如维生素预混剂、微量元素预混剂等;另一种是由不同种类的多种饲料添加剂按配方配制的均质混合物,称为复合预混料。注意不同类型产品的配合方法,如有些小包装的添加剂只含有微量元素与维生素,使用时必须另外添加氨基酸等。复合预混料添加剂种类齐全,成本高,用户使用方便,应用效果好。

3. 严格按规定的剂量使用预混料 预混料的添加量是预混料厂按家禽不同生长阶段精心设计的,特别是含钙、磷、食盐及动物性蛋白质饲料在内的大比例预混料,使用时必须按规定的比例添加。有些养殖户由于不了解预混料的特点,有的只注重降低饲养成本而少加或不分鸡生长阶段使用预混料。结果这样也会造成营养的不平衡,不仅增加了饲养成本,而且还会影响鸡的生长发育,甚至出现中毒现象。

4. 坚持使用预混料、浓缩料 由于饲料在养殖业成本中占65%以上,生产者为降低成本,往往增加糠麸类等低质饲料和少用或不用预混料。这种做法只会使家禽营养失衡,降低饲料的利用率,实际上增加了饲养成本。因此,不要随意换料和随意改变饲料配方。

5. 供料厂家的选择 选择预混料、浓缩料时,最好选择正规生产厂家的产品。他们的技术力量雄厚,产品质量稳定,信誉高,服务好，可以为养殖户真正带来效益。

(五)养殖户选择配合饲料的误区

随着养殖业的快速发展，大多数养殖户逐步认识到了配合饲料在家禽生产中的作用，越来越多地使用配合饲料饲喂家禽。但由于对配合饲料方面的知识了解不多，在选购配合饲料时存在一些误区，影响了养殖效益的提高。

1. 饲料颜色黄，必定有营养 配合饲料注重其营养成分的全面与平衡，而饲料颜色的深浅与饲料本身的营养价值高低并没有直接的关系。在植物性蛋白质饲料中，豆饼(粕)的颜色浅黄，其中营养价值及适口性相对较好，人们就认为饲料颜色浅黄，即是豆饼(粕)用量多，质量就好。而菜籽饼(粕)、棉饼籽(粕)的颜色相对较深，适口性稍差，就认为不好。这其实是误解。实际上只要能科学地合理搭配，照样能配出营养全面平衡的饲料，并可相应降低成本，获得较高的经济效益。有些饲料生产厂家为了追求高额利润，利用群众追求饲料颜色的心理，在生产中加入化学颜料，以次充好，来扩大销售量，坑害消费者，养殖户不可不防。

2. 饲料香味浓，质量一定好 配合饲料的气味应以饲料本身固有的气味为主。在配合饲料中适量加入调味剂，如香味素、甜味素、鲜味剂、咸味剂等，能提高饲料适口性，刺激食欲和提高饲料转化率，促进蛋鸡生长。但它们只是改变了饲料的物理性状，对饲料本身营养价值不大。若片面追求感官效果，过量添加有可能产生某些毒副作用(如食盐中毒等)甚至影响胴体品质，降低其商品利用率。

3. 饲料腥味大，鱼粉量不差 优质鱼粉在动物性蛋白质饲料中营养价值是相对较高的，各种氨基酸较为平衡，适口性好，易消化吸收，是一种很好的蛋白质饲料。但因其产量有限，价格相对较高。因此，饲料中一般配比不会太高。添加鱼香素等有腥味的诱食剂，可增加饲料的鱼香味。也就是说，饲料的鱼香味的大小并不完全证明该饲料所含鱼粉的多少,用户对此应有清醒的认识。随着科学技术的发展,实践也证明,在无鱼粉情况下也能配合出全价高营养水平的配合饲料,取得较好的饲养效果。

4. 蛋白质含量高,饲料准不孬 蛋白质是生命活动的最基本物质,是饲料中必不可少的重要营养素,在家禽日粮中必须要有足够的蛋白质饲料来满足其生长发育需要。但是并非蛋白质越多越好。这是因为家禽在不同的生长阶段,机体对蛋白质的吸收利用率是不同的。过多地供给蛋白质,家禽不仅不能全部转化成体蛋白,而且还要通过机体一系列运作,将蛋白质作为能量消耗掉。这不但是对蛋白质饲料的浪费,而且增加了畜禽肾脏的负担,影响畜禽的健康(如鸡的痛风病)。特别是在目前蛋白质饲料相对缺乏的情况下,更不应该在日粮中添加过量的蛋白质饲料。另外一种情况是,虽然饲料标签上标着高蛋白质,其实含量不足或者添加的是不可吸收或利用率很低的蛋白质(如羽毛粉、血粉等),所以在养殖过程中只有选好配合饲料,才能取得更高的经济效益。

(六)典型蛋鸡日粮配方

根据新的《鸡的饲养标准》(送批稿)和中国农业科学院畜牧研究所、中国饲料数据库情报网中心拟定的中国饲料成分及营养价值表(2002年第13版)中的有关数据,并参考有关蛋鸡的营养和饲料配方研究资料,对生长蛋鸡和产蛋鸡所需的饲料配方进行了配比和计算。此配方基本上符合中型体重蛋鸡的需要量,如为轻型鸡可酌减10%。蛋鸡因品种、饲料品质和饲养环境等不同,对饲料的要求也有差异。因此,该配方仅供饲养者参考。蛋鸡饲料配方见表4-19,表4-20。

表 4-19 生长蛋鸡饲料配方

项目			0~8周龄		9~18周龄		19周龄至开产	
			1	2	3	4	5	6
饲料组成	玉米	(%)	68.4	58.10	66.00	54.00	64.80	67.20
	麸皮	(%)	–	11.00	14.20	22.00	7.20	3.50
	豆粕	(%)	23.00	–	12.00	–	17.50	22.00
	豆饼	(%)	–	19.90	–	18.00	–	–
	棉粕	(%)	3.50	–	3.00	–	3.00	–
	槐叶粉	(%)	–	–	–	3.50	–	–
	鱼粉	(%)	–	6.00	–	–	–	–
	骨粉	(%)	–	2.15	–	–	–	–
	贝壳粉	(%)	–	0.50	–	–	–	–
	石粉	(%)	1.20	–	1.20	–	4.20	4.50
	磷酸氢钙	(%)	2.00	–	1.50	1.20	1.50	1.50
	膨润土	(%)	–	1.00	–	–	–	–
	植物油	(%)	0.60	–	0.80	–	0.50	–
	预混料	(%)	1.00	1.00	1.00	1.00	1.00	1.00
	食盐	(%)	0.30	0.35	0.30	0.30	0.30	0.30
营养水平	代谢能	(兆焦/千克)	11.92	12.10	11.50	11.13	11.29	11.39
	粗蛋白质	(%)	19.09	19.05	15.59	15.20	17.01	17.40
	蛋白能量比	(克/兆焦)	16.02	15.74	13.56	13.66	15.07	15.28
	钙	(%)	1.12	1.06	0.95	0.78	2.02	2.15
	总磷	(%)	0.83	–	0.76	0.57	0.73	0.70
	有效磷	(%)	0.59	0.46	0.49	–	0.48	0.35
	赖氨酸	(%)	0.81	0.97	0.58	0.73	0.69	0.73
	蛋氨酸	(%)	0.28	0.35	0.22	0.32	0.24	0.26
	蛋氨酸+胱氨酸	(%)	0.57	0.59	0.46	0.63	0.50	0.52

表 4-20 产蛋鸡饲料配方

项目			开产至高峰期(>85%)			高峰后期(<85%)		种鸡	
			1	2	3	4	5	1	2
饲料组成	玉米	(%)	66.1	60.00	53.70	63.00	61.00	64.20	51.00
	麸皮	(%)	–	10.00	–	–	5.00	–	–
	豆粕	(%)	20.00	–	–	–	–	21.00	18.00
	豆饼	(%)	–	10.00	28.00	23.80	18.00	–	–
	棉粕	(%)	2.00	–	–	2.00	–	–	–
	棉饼	(%)	–	–	–	–	3.00	–	–
	高粱	(%)	–	–	5.00	–	–	–	15.00
	菜籽饼	(%)	–	–	1.00	–	4.00	–	–
	葵籽饼	(%)	–	–	1.00	–	–	–	–
	槐叶粉	(%)	–	2.00	2.00	–	–	–	–
	苜蓿粉	(%)	–	–	–	–	–	–	1.00
	鱼粉	(%)	–	10.00	–	–	–	4.00	5.00
	骨粉	(%)	–	–	2.50	–	1.70	–	–
	贝壳粉	(%)	–	6.70	5.30	–	–	–	–
	石粉	(%)	8.30	–	–	8.40	6.00	7.20	7.00
	磷酸氢钙	(%)	1.50	–	–	1.50	–	1.50	1.50
	动物油	(%)	–	–	–	–	–	0.80	–
	植物油	(%)	0.80	–	–	–	–	–	0.2
	预混料	(%)	1.00	1.00	1.00	1.00	1.00	1.00	1.00
	食盐	(%)	0.30	0.30	0.50	0.30	0.30	0.30	0.30

续表 4-20

项 目		开产至高峰期(>85%)			高峰后(<85%)		种 鸡	
		1	2	3	4	5	1	2
营养水平	代谢能 (兆焦/千克)	11.27	11.34	11.26	11.15	10.38	11.43	11.14
	粗蛋白质 (%)	16.73	16.50	16.90	15.80	15.30	18.50	18.00
	蛋白能量比 (克/兆焦)	14.84	14.55	15.01	14.17	14.74	16.19	16.15
	钙 (%)	3.51	3.20	3.46	3.55	3.07	3.27	3.30
	总 磷 (%)	0.67	0.70	0.65	0.65	0.58	0.77	0.79
	有效磷 (%)	0.47	–	–	0.48	–	0.58	0.61
	赖氨酸 (%)	0.70	0.91	0.96	0.76	0.69	0.85	0.81
	蛋氨酸 (%)	0.25	0.32	0.24	0.24	0.27	0.30	0.30
	蛋+胱氨酸 (%)	0.51	0.59	0.55	0.50	0.54	0.57	0.54

第五章　蛋鸡无公害高效养殖的饲养管理

一、确定适宜饲养方案

(一)饲养阶段的划分

根据鸡生长发育规律和饲养管理上的要求,将蛋鸡的饲养分成育雏期(0~8周龄)、育成期(9~18周龄)、产蛋期三阶段来进行。另外,也有根据体重进行划分。如迪卡鸡,体重650克以上为育成期,体重1 540克以上为产蛋期。伊莎鸡体重850克以上为育成期,体重1 570克以上为产蛋期。

(二)饲养方式的选择

1. 平面饲养

(1)弹性塑料网上平养　弹性塑料网上平养是在用钢筋支撑的金属地板上再铺1层弹性塑料方眼网。这种网柔软有弹性,可减少腿病与胸囊肿,鸡粪落入网底,减少了消化道病的再感染,特别对球虫病的控制有显著效果。因此,比厚垫料地面平养的成活率和增重要高。缺点是占地面积大,需要钢材多。目前应用比较多的是利用毛竹片或木条制成条缝板来饲养雏鸡。

(2)厚垫料平养　厚垫料平养蛋鸡是最普遍采用的一种形式。可利用普通农舍,只需稍加改造就行。垫料要求松软,吸湿性强,不发霉,不过长,以不超过5厘米为宜。可采用刨花、锯屑、玉米秸或稻草等,一般可在地面铺15~20厘米厚的垫料。

厚垫料平养的优点是设备简单，成本低，胸囊肿及腿病发病率低。缺点是需要大量垫料，占地面积多，粪便污染垫料，成为传染源，易发生鸡白痢及鸡球虫病等。

2. 笼养 笼养已广泛使用于一些蛋鸡场，笼的规格很多，大体可分为重叠式和阶梯式2种，层数有3层或4层。有些专业户或农家也可自制笼子。笼养与平养相比，饲养密度大，饲料报酬高，舍内清洁，鸡只不与粪便接触，能防止或减少球虫病的发生。但笼养时设备和投资费用大，鸡胸囊肿和腿病的发生率高。近年来，改用弹性塑料网底代替原金属网底，减少了胸囊肿和腿病的发生。

饲养商品蛋鸡，一定要从正规厂家购入鸡苗，充分认识所选择蛋鸡品种的特点，认真学习其饲养管理手册，并结合实际情况加以采用。无公害蛋鸡饲养要求每批鸡要有完整的资料，记录内容包括引种、饲料、用药、免疫、发病和治疗情况、饲养日记等。资料应保存2年。

二、育雏期的饲养管理

(一)雏鸡的生理特点

1. 消化能力弱 雏鸡消化道较短，容积小，食物在消化道内停留时间短。雏鸡肌胃研磨粒状饲料的能力差，同时消化腺分泌消化液的量少、消化酶的活性低，限制了雏鸡对饲料的消化和吸收利用效果。因此，在雏鸡的饲料调制和喂饲方法上都应考虑雏鸡的特殊要求。

2. 抗病力差 雏鸡的免疫系统功能不完善，对病原微生物的抵御能力差。应根据雏鸡可能发生、易于全群传播的疾病，制定相应的卫生防疫措施。

3. 体温调节功能不完善 初生雏鸡的神经和内分泌系统功能不完善，对体温的调节能力差。初生雏鸡的体温比成鸡低2℃～3℃，3日龄后逐渐上升，3周龄后体温调节功能才趋于完善。雏体绒毛保温性能不良，皮薄且皮下脂肪少。育雏温度的高低直接影响到雏鸡的体温，体温降低时生理功能失常，有损于雏鸡的生长发育和健康。

4. 生长快、代谢旺盛 雏鸡在正常饲养条件下，2周龄、4周龄和6周龄时的体重分别为出壳时体重的3.5倍、7.4倍和12倍。增重快则要求饲料营养要全面、饲料供应量要充足。

5. 敏感性强 当饲料中某种营养素缺乏或营养不平衡，饲料中毒素或抗营养成分含量偏高，药物混合不均匀等情况出现，雏鸡容易表现出病态反应。环境条件的突然变化也容易造成雏鸡的应激。

6. 胆小易受惊，缺乏自卫能力 雏鸡胆小，突然的异常声响、陌生人或动物的进入都会造成惊群。3周龄以前的雏鸡易受鼠类及其他动物的伤害。饲养人员加料饲喂时不知避让，易发生压伤踩死等情况。

7. 群居性强 雏鸡喜群聚，离群时会不停地鸣叫、奔跑。应防止其远离雏鸡群或圈舍。

（二）育雏方式

1. 平面育雏

（1）地面育雏 将雏鸡饲养在铺有垫料的地面上，育雏地面可以是水泥地面、砖地面、土地面和炕面。各种地面均需铺设垫料。垫料可以时常更换，也可以在雏鸡脱温时一次清除，后者被称为厚垫料育雏。厚垫料育雏时，鸡粪和垫料发酵产热，可以提高舍温，还可以在微生物作用下产生维生素B_{12}，能被鸡采食利用。这种育雏方式不仅节省清运垫料的人力，还可以充分利用鸡粪作为高效有机肥料。厚垫料育雏的方式是:将雏鸡舍打扫干净,消毒后,按每米^2 地面撒生石灰1千克,然后铺上5~6厘米厚的垫料,育雏2周后,加铺新垫料;育雏结束时垫料厚度可达15~25厘米。在育雏期间,发现垫料板结,及时用草杈将垫料松动,使之保持松软、干燥。垫料于育雏结束后一次性清除。使用这种方式育雏,室内要保持通风良好;雏鸡密度在每米^{2}16只以下;防止垫料潮湿,可3~5天撒1次磷酸钙,使用量为每米^{2}100克。

育雏舍内要设置料槽或料桶、雏鸡饮水器或水槽以及供暖设备等。育雏舍面积较大和饲养雏鸡数量较多时,要设置分栏。即用围席或挡板将地面围成几个小区,把雏鸡分成小群饲养。随着雏鸡日龄的增加,雏鸡逐渐会飞能跳,再将围席或挡板去掉,这样可以有效地防止因舍温突然降低造成雏鸡扎堆而挤压死亡。地面育雏要搞好环境卫生,保持育雏舍地面和垫料清洁干燥。饮水器周围的垫料容易潮湿,要随时更换潮湿垫料,不让球虫卵囊有繁殖的环境条件,这是地面平养防止球虫病发生的重要措施。

地面育雏简单易行,管理方便,特别适合于农户养鸡。但是,由于雏鸡与地面鸡粪经常接触,容易感染球虫病,成活率低,而且占地面积大,房舍利用不够经济,还需耗费较多的垫料。

(2)网上育雏　网上育雏是利用网面代替地面饲养雏鸡。网的材料有铁丝网和塑料网,也可以就地取材,用木板或毛竹片制成板条在地面上架高使用。通常网面比地面高50~60厘米,网眼大小不超过1.2厘米×1.2厘米。网上设置饮水及喂料装置。网上育雏的加热供暖设备同地面育雏一样,有多种形式,如火炕、电热伞、红外线装置和蒸汽热水管等。雏鸡在网上采食、休息,排出的粪便通过网眼落于地面。网上育雏的前2周也应设置围网或挡板,将雏鸡分成小群饲养,防止挤压死亡,育雏后期可以合群饲养。

网上育雏使雏鸡不与粪便直接接触,减少了病原再污染的机会,有利于防病,特别是对于预防雏鸡白痢病和球虫病有极显著的效果,提高了育雏成活率。网上育雏的不足之处是投资较高。网上育雏要有较高的饲养管理水平,特别是饲料营养要全价,防止鸡产生营养缺乏症。鸡舍要加强通风换气,防止雏鸡排出的粪便堆积产生有害气体。

2. 立体育雏 立体育雏是应用分层育雏笼来养育雏鸡,这是现代化养鸡的一种方式。分层育雏笼是由笼架、笼体、料槽、水槽和承粪盘组成。一般笼架长 100 厘米,宽 60 厘米,高 150 厘米。离地面 30 厘米起,每层高约 40 厘米,可有 3~5 层,采用叠层式排列。每层笼子的四周用铁丝、木条等制成栅栏,栅栏间隙以雏鸡能伸出头来为宜。饲槽和饮水器挂在栅栏外,雏鸡通过栅栏吃料、饮水。每层笼底由筛底网、铁丝制成,也有的用涂塑金属底网。每层笼底网与下 1 层笼体之间设有承粪盘,承粪盘与笼底相距 10~15 厘米,雏鸡粪便可由笼底网漏下,落入承粪盘。承粪盘最好是抽拉式的。每天由饲养员取下脏粪盘,换上干净的粪盘。

采用立体育雏笼育雏,可以饲养小雏、中雏和大雏,不用转群。立体育雏笼笼门可以上下调节,上部间隙大,下部间隙小,能防止鸡跑出笼外。

立体育雏笼的热源多数采用电热丝,有的能自动调节温度;也可以使用热水管、灯泡,还可以采用直接提高舍温的方法供暖。供水、供料系统有的采用手工操作,有的是半机械化操作。

立体育雏提高了单位面积的育雏数和房舍利用率,提高了劳动生产率,适宜大规模育雏,管理方便;能够有效地利用热能,节省燃料,降低了饲料和垫料的消耗;雏鸡采食均匀,发育整齐,可有效地防止感染疾病,育雏成活率高。但是,立体育雏的投资大。农村养鸡应充分利用当地的材料,使用竹木结构,不必用钢材。立体育雏对饲料营养、饲养密度及环境通风换气的要求严格。

(三) 饲养前的准备与雏鸡的选择和装运

1. 饲养前的准备工作

(1)房舍及器具的准备与消毒　房舍的面积大小应按照饲养数量最多时为准。育雏用的房舍比其他的鸡舍要求严格。寒冷季节应力求保温良好,还要能够适当调节空气;炎热季节能通风透气,便于育雏舍内温、湿度的调节。此外,育雏舍要经常保持干燥,不过于光亮,布局应合理,方便饲养人员的操作和防疫工作。因此,育雏前育雏舍要进行认真检修,然后彻底打扫干净。育雏舍内采用的加温设备或专用育雏器,也要事先检查修理好,使之能正常使用,不发生故障。育雏用具如料槽、饮水器等也要进行认真检修,不能有损坏。食槽与水槽的数量要备足,力求每只鸡都能同时吃食,且尚有空位,饮水器周围从不见拥挤;食槽与水槽的结构要合理,料槽要有回檐,以减少饲料撒落而造成浪费。水槽应不漏水。食槽与水槽的高低、大小应适中,槽高与鸡背高度应相近,以便于雏鸡采食和饮水。

育雏舍及舍内所有的用具、设备均要在雏鸡进舍前进行彻底的清洗和消毒。料槽、饮水器等用具可用2%～3%热克辽林溶液或1%的氢氧化钠溶液(金属用具除外)消毒,而后用清水冲洗,再在日光下晒干备用。育雏舍的墙壁、烟道等可用3%克辽林溶液消毒后,再用10%的生石灰乳刷白。舍内及运动场的地面可用2%氢氧化钠溶液喷洒消毒。对密闭性能好的育雏舍,最好采用熏蒸消毒。其方法是将所用的育雏用具经清洗后放入育雏舍,门窗全部封闭。每米^{3}空间用15毫升福尔马林溶液,7.5克高锰酸钾进行熏蒸(按计算好的用量先加入高锰酸钾于瓦钵或搪瓷容器中,然后再加入福尔马林溶液)。1～2天后打开门窗通风,换入新鲜空气后关闭待用。

(2)制订育雏计划　为了防止盲目生产,要制订好育雏计划。

育雏计划应包括育雏时间，每批雏鸡的品种和数量，雏鸡的来源与饲养目的，饲料和垫料的数量，免疫用药计划和预期达到的育雏成绩等。

春秋两季气温适宜，雏鸡生长发育快，体质健壮，成活率高。这时每米^{2}可以适当增加饲养数量。夏季，气温较高，为了防止通风不良，可以相对减少饲养数量。冬季环境较冷，日照时间短，提高了育雏成本（饲料与垫料数量增多，某些疾病发生率高，需要保暖措施等）。养殖单位要根据自己的经济实力来确定饲养数量。

(3)饲料、垫料、药品等的准备　育雏前必须按雏鸡饲养标准拟订的日粮配方预先配好饲料。地面平育时还要准备足够干燥、松软、不霉烂、吸水性强、清洁的垫料。育雏前还要适当准备一些常用药品，如消毒类药物，抗白痢病、球虫病药物和防疫用的疫苗等。

(4)预热试温　无论采用何种育雏方式，在育雏前2～3天都要做好育雏舍和育雏器的预热试温工作，使其达到标准要求，并检查能否保持恒温，以便及时调整。如用烟道或火炕供温，还应注意检查排烟及防火安全情况，严防倒烟、漏烟或火灾。

(5)饲养人员的配备　育雏工作是一项艰苦而细致的工作，育雏人员必须有高度的责任心和事业心，最好是经过专门的技术培训，掌握一定的育雏技术。养鸡专业户也同样需要学习科学养鸡知识，在实践中不断积累育雏经验，争取把小鸡养得更好。

2. 雏鸡的选择

(1)选择目的　提高育雏效果，便于按大小、强弱实行分群饲养或淘汰病、弱雏，提高饲料报酬。

(2)选择的方法　可通过“一听、二摸、三看”等步骤进行。

一听，就是听雏鸡的叫声。强雏叫声洪亮清脆；弱雏叫声微弱而嘶哑，或鸣叫不休，有气无力。

二摸，就是摸雏鸡的膘情、体温等。手握雏鸡感到温暖，有膘、有弹性,挣扎有力的是强雏;弱雏手感身凉、瘦小、轻飘、挣扎无力。

三看,就是看雏鸡的精神状态。强雏一般活泼好动,眼大有神,羽毛整洁光亮,体态匀称,腹部柔软,卵黄吸收良好;弱雏一般是缩头闭眼,羽毛蓬乱不洁,腹大而松弛,脐口愈合不良、带血等。

此外,雏鸡强弱鉴别还应结合种鸡群的健康状况、孵化率的高低和出壳时间的迟早来进行综合考虑。一般来讲,来源于高产健康种鸡群、孵化率高、正常出壳时间里出壳的雏鸡,质量比较好;来源于患病鸡群的、孵化率较低、过早或过迟出壳的雏鸡,质量较差。

初生雏鸡的分级标准参见表5-1。

表5-1 初生雏鸡分级标准

级别	精神状态	活力	腹部	绒毛	脐部	两肢	畸形	脱水	体重
强雏	活泼健壮,眼大有神	挣扎有力	大小适中,平整柔软	长短适中,毛色符合本品种标准	收缩良好	两肢健壮,站立稳健	无	无	符合本品种要求
弱雏	眼小,体细长,呆立、嗜睡	软绵无力,似棉花团	过大或较小,肛门污秽	长或短、脆,色浅或深,沾污	收缩不良,大肚脐,潮湿	站立不稳,喜卧,行动蹒跚	无	有	过小或符合本品种要求
残次雏	不睁眼或单眼、瞎眼	无	过大,软或硬,青色	火烧毛,卷毛,无毛	蛋黄吸收不完全,血脐,疔脐	弯趾,跛腿,站不起	有	严重	过小,干瘪

3. 雏鸡的装运

(1)掌握适宜的运雏时间　初生雏鸡体内还有少量未被利用的蛋黄,可以作为初生阶段的营养来源,故初生雏鸡在48小时或稍长的一段时间内可以不喂饲进行运输。但从保证雏鸡的健康和正常生长发育考虑,适宜的运输时间应在雏鸡绒毛干燥后,至出壳48小时(最好不要超过36小时)前进行。另外,还应根据季节确定启运的时间。一般说,冬季和早春运雏,应选择在中午前后气温相对较高的时间启运;夏季运雏,则宜选择在日出前或日落后的早、晚进行。

(2)准备好运雏用具　运雏用具包括交通工具、装雏箱及防雨、保温用品等。交通工具(车、船、飞机等)视路途远近、天气情况和雏鸡数量灵活选择,但不论采用什么交通工具,运输过程中力求做到稳而快。装雏工具最好采用专用雏鸡箱(目前一般孵化场都有供应),箱长为50~60厘米,宽40~50厘米,高18厘米,箱子四周有直径2厘米左右的通气孔若干。箱内分4个小格,每个小格放25只雏鸡,每箱共放100只左右。没有专用雏鸡箱的,也可采用厚纸箱、木箱或筐子代用,但都要留有一定数量的通气孔。冬季和早春运雏要带防寒用品,如棉被、毛毯等。夏季运雏要带遮阳防雨用具。所有运雏用具或物品在装运雏鸡前,均要进行严格消毒。

(3)运雏人员的配备　运雏人员必须具备一定的专业知识和运雏经验,还要求有较强的责任心。养鸡专业户最好亲自押运雏鸡。

(4)运输过程中注意保温与通气　雏鸡运输过程中,保温与通气是一对矛盾。只注意保温,不注意通风换气,使雏鸡受闷、缺氧,严重的会导致窒息死亡;只注意通气,忽视保温,雏鸡会受风着凉,容易感冒和诱发雏鸡白痢病,成活率下降。因此,装车时要注意将雏鸡箱错开安排,箱周围要留有通风空隙,重叠高度不能过高。气温低时要加盖保温用品,但要注意不能盖得过严。装车后要立即启运,运输过程中应尽量避免长时间停车。运输人员要经常检查雏鸡的动态,一般每隔0.5~1小时观察1次。如见雏鸡张嘴抬头、绒毛潮湿,说明温度太高,要及时通风;如见雏鸡拥挤在一起,吱吱发叫,说明温度偏低,要加盖保温。因温度低或车子震动的影响,雏鸡会出现扎堆,每次检查时用手轻轻地把雏鸡堆搂散开。另外,运输过程中,特别是长时间停车时,最好将雏鸡箱左右、上下定期调换,以防深层雏鸡受闷。

(四)育雏环境的标准及控制

1. 温度标准及控制 雏鸡体温调节功能不完善,既怕冷又怕热。环境温度过高,影响雏鸡体热和水分的散发,体热平衡紊乱,食欲减退,生长发育迟缓,死亡率增加;如果环境温度过低,雏鸡扎堆,行动不灵活,采食饮水均受到影响;如果环境温度过高,而后又突然下降,雏鸡受寒,易发生雏鸡白痢病,发病率和死亡率上升。因此,掌握和控制好温度是育雏成功的关键。不同日龄雏鸡的适宜温度见表5-2。

表5-2 不同日龄雏鸡的适宜温度

日 龄	温 度(℃)	日 龄	温 度(℃)
1~3	34~32	22~28	25~20
4~7	32~30	29~35	25~15
8~14	30~27	36以上	25~15
15~21	27~25		

在适宜的温度范围内,主要依靠调节散热量来维持体温恒定,而且雏鸡生长快,饲料利用率高,健康状况好。

育雏温度包括育雏室温度和育雏器温度。对于平面育雏而言,育雏器温度是指育雏器(如保温伞)边缘离地面或网面5厘米处的温度;育雏室温度是指舍内距育雏器或热源最远处离地1米的墙上测得的温度。对于笼养育雏来说,育雏器温度是指笼内热源区底网上5厘米处温度,育雏室温度是指笼外离地面1米处的温度。育雏室温度要比育雏器温度低,使整个育雏环境温度呈现高、中、低之别,这样既可以促进空气流动,又可以使每个雏鸡找到自己所需要的温度。因为雏鸡对温度的需求存在个体差异,此即所谓的温差育雏。

在育雏时,育雏温度除参照表5-2以外,还要根据鸡的品种、体质、外界气候的变化进行适当调节。如褐壳鸡比白壳鸡羽毛的生长速度慢,育雏前期的温度可高些,外界气温低时高些,外界气温高时低些;白天低些,夜晚高些,一般夜间育雏温度比白天高1℃~2℃;健雏低些,弱雏高些;大群育雏低些,小群育雏高些。

育雏最初1~3天,育雏器温度应达到34℃~35℃,育雏室的温度在24℃以上,以后逐渐降低。应重点抓好前3周龄温度管理,防止低温或大幅度降温,育雏器温度不应低于27℃。随着雏鸡日龄的增加,育雏温度也要不断下降,直到离温。一般4~6周龄为脱温过渡期,育雏器每周下降3℃左右。雏鸡脱温要有一个适应过程,开始白天不给温,晚上给温,天气好不给温,阴天给温。经5~7天鸡群适应自然气温后,最后达到彻底离温。雏鸡的脱温的日龄要根据季节而定,一般夏季早晚给温直至10日龄左右,而冬季则40日龄左右。在饲养过程中如果发现鸡的体质较差,体重不足,保温时间可延长。育雏室内保持18℃~20℃。温度过低或过高,都对雏鸡生长和饲料利用率造成影响。

育雏温度是否合适,温度计上显示的只是一种参考依据,更重要的是要求饲养人员能看鸡施温,即通过观察雏鸡的表现,正确地控制育雏的温度。育雏温度合适时,雏鸡表现活泼好动,精神旺盛,叫声轻快,食欲良好,饮水适度,羽毛光滑整齐,粪便正常,饱食后休息时均匀地分布在育雏器周围或育雏笼的底网上,头颈伸直熟睡,无异常状态或不安叫声,鸡舍内安静。育雏温度过低时雏鸡表现行动缓慢,羽毛蓬松,身体发抖,聚集拥挤到热源下面,扎堆,不敢外出采食,不时发出尖锐、短促的叫声,精神差,易导致雏鸡因挤压而死亡。此时应尽快提高舍温或育雏器温度,并观察温度上升至正常,不可超温。育雏器温度过高时,雏鸡远离热源,匍匐地面,两翅张开,伸颈、张口喘气,饮水量增加,食欲减退。此时应逐渐降低室温或育雏器温度,提供雏鸡足够的饮水,打开育雏器背风处的通风窗或孔,待温度下降至正常时,再逐步关闭通风窗或孔,稳定热源温度,切不可突然降温,更不能打开上风窗或孔。如果育雏器有贼风,雏鸡密集拥挤在育雏器的一侧,发出叽叽的叫声。不同温度下雏鸡的动态见图 5-1。

2. 湿度的标准及控制 在通常情况下,育雏期间对湿度的要求不像温度那样严格,但在特殊的条件下,或与其他环境因素共同发生作用时,不适宜的湿度可对雏鸡造成很大的伤害。雏鸡舍在一般条件下,相对湿度 60% ~ 65% 最好,40% ~ 72% 是鸡的适宜湿度;85% 以上,空气太潮湿,影响散热;35% 以下,空气过于干燥,会影响粘膜和皮肤的防卫能力,易引起呼吸道疾病,还会使鸡的羽毛生长不良,雏鸡脱水。

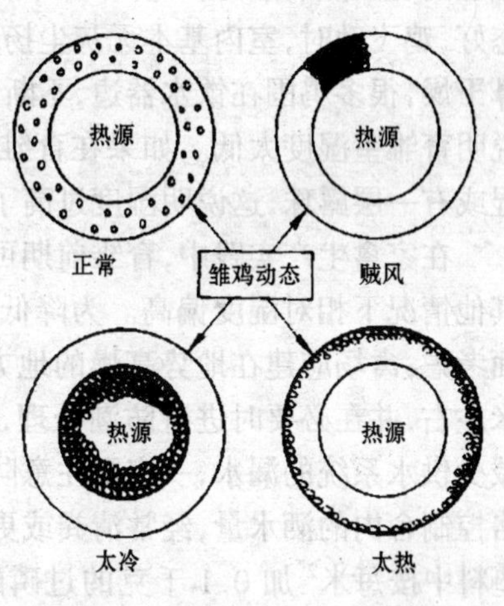

图 5-1 不同温度下雏鸡的动态

适宜的湿度要灵活掌握,不同年龄的雏鸡、不同地区、不同季节育雏需要的适宜湿度不同。育雏期对湿度的要求,总的特点是前高后低,1 ~ 10 日龄为 60% ~ 70%,10 日龄以后为 50% ~ 60%。这是因为育雏前期室温要求高,小鸡饮水、采食量不大,排粪也少,垫料中的含水量低,环境相对干燥。雏鸡从相对湿度70%的孵化器孵出,如果随即转入干燥的育雏室,雏鸡体内水分随呼吸大量蒸发,会造成雏鸡频频饮水,消化不良;若供水不足或未及时供水,易造成雏鸡脱水,绒毛脱落 ,脚趾干瘪,严重时导致患病,死亡率增高。育雏后期温度逐渐降低,而且随着日龄的增大,雏鸡的排粪量增加,水分蒸发多,所以要求较低湿度。因此,在饲养后期可采取一些降低湿度的措施,如勤换垫料,加大通风量,及时清除粪便等。

测定育雏室的相对湿度,除使用湿度计外,还要靠饲养人员通过自身感觉和雏鸡的表现来判断。当相对湿度适宜时,人进入育雏室内有湿热的感觉,口鼻不觉干燥,雏鸡脚爪润泽、细润,精神状态好,鸡飞动时,室内基本无灰尘扬起。如果进入育雏室内感觉口鼻干燥,很多鸡围在饮水器边,不断饮水,鸡群骚动时尘灰四起,这说明育雏室湿度太低。如果在育雏舍内见到室内用具、墙壁上潮湿或有一层露珠,这说明湿度过高了。

在家禽生产实践中,育雏前期可能会出现舍内相对湿度不足,其他情况下相对湿度偏高。为降低育雏室湿度,可以从以下几方面考虑:禽场应建在地势高燥的地方,舍内地面应比舍外高30厘米左右,并在必要时进行防潮处理,禽舍应充分干燥后才能使用;减少供水系统的漏水,一定要注意防止饮水器放置不平而漏水,严格控制舍内的洒水量,经常清粪或更换潮湿的垫料,或者在地面和垫料中按每米^{2}加0.1千克的过磷酸钙,以吸收舍内和垫料的水分,切忌用生石灰。在空气干燥的季节可以通过通风换气,改变室内的湿度,但应注意保温。在雏禽生产中(尤其是采用地下火道供温),可以提高室内湿度的方法很多,可结合喷雾消毒进行增湿,也可在煤炉上放置水壶和水盆烧开水,以产生蒸汽,或地面洒水,室内挂湿帘增湿。

3. 光照的标准及控制 光照包括光照时间长短与光照强度两方面内容。育雏3日龄前应给以时间较长、强度较大的光照,一般为20~23小时、20勒的光照强度,以便让雏鸡尽早饮水和开食。随着日龄的增长,可减少光照时间和光照强度。

4~7日龄,每天照明20小时,以后日照明时间每周缩减1小时。也有第二周日照明16小时,第三周以后为8~10小时。光照的强度在3日龄前约为50勒,4~15日龄为20勒,以后为10~15勒。人工光源可用白炽灯或日光灯。

光照强度在养鸡业中通常指鸡舍内的明暗程度,它与光源发光强度,光通量等有关,是被照物体所获得的光通量与光照面积之比,也称做照度。照度的单位用勒(Lx)表示,是指1流明(1m)的光通量均匀地照射在1米^{2}面积上所产生的照度。鸡舍内的光照强度可通过灯泡瓦数、灯高、灯距粗略计算。一般0.37米^{2}面积上用1瓦灯泡或每米^{2}用2.7瓦的灯泡,可达到10.76勒的照度,一般灯泡的高度为2~2.4米,灯泡之间距离一般应为灯泡高度的1.5倍,多使用25瓦或40瓦灯泡。

在采用自然光照的情况下,不仅天气情况、窗外树木、窗户的大小和位置、舍内设备、舍内不同区位会影响舍内特定区位的光照强度,而且窗户有无玻璃及玻璃的清洁度也有影响。窗户玻璃较脏时舍内照度约减弱一半,用塑料薄膜的透光效果与较脏的玻璃相似。屋顶开设天窗或设置透光带,将会明显改善禽舍中部的采光效果。在南侧窗户玻璃上涂抹颜料,可以减少舍内靠南侧部位的光照强度。在采用人工光照的情况下,灯泡均匀而交错布置,是保证舍内各处光照强度均匀的前提,尤其是采用平养方式的鸡舍内。但是,在笼养鸡舍内,上下层的光照强度则存在明显差异,特别是对于叠层式鸡笼,各层的光照强度差异会更大,必须多层次安装灯泡,保证下层笼适宜的照度。

人工照明,光源不同所获得的照度也不一样,同样功率的荧光灯所产生的照度是白炽灯的3~4倍。但是荧光灯投资较大,而且在低温条件下光效率下降。使用白炽伞型灯罩,可通过反光而使照度增加 50%,若灯泡太脏则可能会使照度下降 30%~50%。所以,每周要擦拭灯泡 1 次。

4. 空气质量的标准及控制 鸡舍内由于鸡的呼吸、排泄以及粪便、饲料等有机物的分解,使空气原有成分的比例发生变化,同时增加了氨、硫化氢、甲烷、羟基硫醇及恶臭等有害气体以及灰尘、微生物和水气含量,如果这些气体和物质浓度过高,雏鸡易患呼吸道疾病、眼病,且易患通过空气传播的传染病,死亡率增加。

舍内空气质量可以测量,但多数情况下是靠饲养人员的感觉得知有害气体的含量是否超标。如果早晨进入鸡舍感觉臭味大,时间稍长又有刺激眼睛的感觉,表明氨气的浓度和二氧化碳的含量已经超标,在保证温度的同时,要适当通风。

根据生产实践经验,对于雏鸡舍要保持良好的空气质量,换气量和气流速度分别应达到:冬季 0.7~1 米^3/小时·每千克体重 0.2~0.3 米/秒,春、秋季 1.5~2.5 米^3/小时·每千克体重、0.3~0.4 米/秒,夏季 5 米^3/小时·每千克体重、0.6~0.8 米/秒。最好利用良好的通风、换气设备进行机械通风,并与自然通风相结合,使舍内氨气、硫化氢、二氧化碳不超标。可按照感官判定来掌握,人进入舍内时无明显臭气,无刺鼻、涩眼之感,不觉胸闷、憋气、呛人为适宜。

通风换气除与雏鸡的日龄、体重有关外,还要随季节、温度变化而调整。夏季应加大通风量以降温。冬季则既要保温又要通风,常形成矛盾。可以在通风之前先提高育雏舍温度,待通风完毕,室内温度也就降到原来的正常温度。通风换气的时间最好选择晴天中午前后,通风换气要缓慢进行,门窗的开启应由小到大,最后成半开状态。不可突然将门窗打开,让冷风直吹,使室温突然下降。切忌过堂风、间隙风直吹鸡体。以免雏鸡受寒。也可采用安装纱布或布帘、开气窗或增加缓冲间的办法通风,以做到保温的情况下达到通风的目的。

要保持良好的空气质量，除合理安排禽舍通风外，还应注意及时清粪、保持舍内干燥，定期更换垫料以及减少舍内的粉尘，平衡日粮中添加复合酶制剂，可有效降低粪便中营养成分含量。

5. 保持适宜密度 每米^{2}面积容纳的鸡只数称为饲养密度。饲养密度对于雏鸡的生长发育有很大影响，育雏期密度过大，鸡的活动范围小，鸡群拥挤，强者采食多，弱者采食少，易导致个体大小不匀，并可诱发多种疾病和啄癖，死亡率增高；密度过小，造成鸡舍和设备的浪费，又不利于保温。

本着提高经济效益的原则，并依据生产实践经验，可根据鸡的日龄、管理方式、通风条件和外界温度不同而确定适宜的饲养密度。对于地面垫料饲养，可随日龄增大降低饲养密度，一般1周龄时30～40只/米^2，以后每周饲养密度相应减少，到7～8周龄时，可达到10只/米^2。板条或网上平养可比垫料平养密度增加20%左右，立体笼养1～4周时40～50只/米^2，5～11周时20～30只/米^2。外界温度高时，密度可相应减少，外界温度低时，饲养密度可相应增加。夏秋季节与冬春季节的密度相比，每米^{2}应减少3～5只。重型鸡的饲养密度应低于轻型鸡。弱雏比强雏的体质差，经不起拥挤，除应分群单独饲养外，还应降低饲养密度。通风良好时，饲养密度可以加大，但应保证充足的食槽和饮水器，通风条件差的，饲养密度应低些。在注意饲养密度的同时，还要注意每群鸡的数量不要太多。

6. 创造良好的环境条件 雏鸡胆小易惊，对外界条件的变化特别敏感，常会由于噪声或陌生人进入鸡舍而惊群，表现为惊叫不安，乱飞乱跳，挤压扎堆。因此，育雏期应保持环境安静，饲养人员要固定，进鸡舍一定要穿工作服。

(五)雏鸡的饲养管理

1. 雏鸡的饲养

(1)饮水　雏鸡入舍后首先供应水质良好、清洁的饮水，以防止脱水。雏鸡第一次饮水习惯上称做“开饮或初饮”，初饮最好在出壳后 24 小时左右，要求用温开水，水温应保持与室温相同，一般在 18℃左右。1 周后可用自来水。为了使雏鸡尽快喝到水，可用手抓鸡，让鸡的喙在饮水器的水中停留片刻，然后再放开鸡即可。经个别诱导，其他雏鸡可模仿这些鸡，引来大群雏鸡饮水。

初饮后，不应再断水，并保持水质新鲜，根据情况在水源中可加入 3 毫克/千克有效氯的氯化物消毒剂，可以有效抑制大肠杆菌的生长。水中添加 5%～8%葡萄糖、蔗糖，以补充能量，另外可在饮水中加入维生素、电解质和抗菌药物等，以减轻应激，增强鸡体的抗病力。但要注意，饮水免疫时，饮水中不能使用任何种类的消毒剂。

一般每 100 只鸡配 10～12 个钟形饮水器。若用水槽，每只雏至少应有 1.5 厘米宽的饮水位置。乳头饮水器的配备可按照 10～15 只鸡 1 个乳头。立体笼育雏开始在笼内饮水，1 周后应训练在笼外饮水。平面育雏随日龄增大应调节饮水器的高度。

饮水量随舍温的变化而有很大不同，舍温越高，饮水量越大；可用小型水表记录鸡的饮水量，饮水量突然减少，常是鸡群患病时首先发出的征兆。

(2)开食　雏鸡的第一次吃食称为开食。开食一般在初饮后 2～3 小时，或出壳 36 小时以前最好。观察鸡群，当有 1/3 的个体有寻食、啄食表现时就可以开食。

开食料要新鲜、营养丰富、易消化，颗粒大小要适中，易于啄食。雏鸡开食料可用碎玉米、小米和碎米等，可干喂，亦可水浸泡后饲喂，也可直接用湿的配合饲料开食。开食料可放在料盘、反光性强的厚纸或塑料膜上，让鸡自由啄食。饮水器、料槽在舍内均匀间隔放置，定期清洗消毒料槽和饮水器，避免细菌孳生。注意饮水系统不能漏水，以免弄湿垫料。

①料型　喂养雏鸡比较理想的料型是前2周使用破碎的颗粒料，2周后使用颗粒料或粉料。破碎的颗粒料适口性好，营养全面，可促进鸡只采食，减少饲料浪费，并提高饲料转化率。粉料的饲喂效果不如颗粒饲料。饲料要符合无公害标准，防止饲料霉烂、变质、生虫或被污染。

②饲喂次数　雏鸡虽采用自由采食的方式，但应本着少给勤添的原则，每间隔2～4小时添料1次。适度增加饲喂次数，既可以刺激鸡的食欲，又可减少浪费。另外，饲喂次数的多少也与鸡的日龄、喂料方式、料型和器具类型等有关。3～14日龄，每天喂6次，其中夜里喂1～2次。3～4周龄每天喂5次。5周龄以后每天喂4次。每次饲料添加量要合适，尽量保持饲料新鲜。

2. 雏鸡的管理

(1)随时观察鸡群　观察鸡群的精神状态、采食和饮水状况、粪便情况，听鸡群发出的声音，观察鸡群的生长情况，查鸡群的密度是否合适，鸡是否有恶癖。只有对雏鸡的一切状况了如指掌，才能及时分析原因，采取相应措施，保证鸡群的正常生长发育。

观察鸡群在育雏第一周尤为重要，饲养员通过观察雏鸡对给料的反应、采食速度、争抢程度以及饮水状况等，了解雏鸡的健康状况，饮水器和料槽是否足够，规格是否合适。通过采食量的变化，了解雏鸡的生长状况，设施有需要更改的及时进行调整。

一般雏鸡采食量减少或不愿采食有以下几种原因：①饲料质量下降，饲料品种和饲养方法突然改变；②饲料腐败或有异味；③育雏温度不正常，饮水不充足或饲料中长期缺少砂子；④鸡群发生疾病。

若鸡群饮水过量，常常是因为育雏温度过高，育雏室相对湿度过低,鸡群发生球虫病或传染性法氏囊病等,也可能是饲料中使用了劣质咸鱼粉,使饲料中食盐的含量过高造成的。

饲养员通过观察鸡群的精神状态,若发现病、弱、残鸡,应及时从鸡群中剔出,单独隔离饲养,重点护理或淘汰。通过观察鸡群的分布情况,了解育雏温度、通风、光照等条件是否适宜,发现问题及时解决。还要观察鸡群有无恶癖,比如啄羽、啄肛及其他异食现象,检查有无瘫鸡、软腿鸡,以便及时判断日粮中的营养是否平衡、环境条件是否适宜等。

饲养员在早上刚进入育雏室时,要观察雏鸡的粪便颜色、形态是否正常,以便于判断鸡群是否健康或饲料的质量是否发生了变化。刚出壳尚未采食的雏鸡其粪便为白色和深绿色稀薄的液体,采食以后变成圆柱形或条状,颜色为棕绿色。粪便的表面有白色尿酸盐沉积。有时排出的是盲肠的粪便呈黄棕色糊状,这也属正常粪便。患某种疾病时,往往腹泻或粪便颜色异常。如患白痢时,粪便中的尿酸盐增多,为白色稀粪并附于泄殖腔周围;患球虫病时粪便为红色;患传染性法氏囊病时,为水样粪便等。发现异常应及时分析解决。

地面平养育雏,还要注意防止老鼠或其他动物骚扰鸡群。采用立体笼养育雏时,要经常检查有无被鸡笼卡住脖子、翅膀、脚的现象,检查笼门、食槽、水槽的高度是否合适,及时调整。

(2)蚊、蝇及老鼠的控制　因为鼠类容易传播疾病和污染、浪费饲料,所以要注意防鼠患。据美国试验表明,一颗鼠粪含沙门氏菌可达25万个。沙门氏菌对人和动物有致病力,在动物体内繁殖后产生内毒素,内毒素对肠道产生刺激作用,引起肠道粘膜肿胀、渗出和坏死,引起严重的胃肠炎症状。所以要注意灭鼠,以防饲料浪费和饲料被污染。蚊子通过叮咬动物传播疾病,苍蝇则常常污染饲料和器具而传播疾病,也要驱除。

首先应提高房舍的严密性,鸡舍所有开口处都应用窗纱封闭。

鸡舍周围15米内要铲除杂草，地面都要进行平整和清理，设立开阔地，不种蔬菜谷物，以杜绝鼠类和昆虫入侵鸡舍。如滋生杂草要经常铲除，场区周围减少积水，粪便堆积后及时进行处理等，以防止蚊蝇孳生，传播疾病。

场区内不得堆放任何设备、建筑材料、垃圾等杂物，防止野生动物和鼠类繁衍。

另外，可定期使用灭蚊、蝇及老鼠的药物（注意不伤害鸡群）或器具。投放鼠药定时定点，及时收集死鼠和残余鼠药，并做无害化处理。灭蚊、蝇和灭鼠应选择符合农药管理条例规定的高效低毒药物，如抗凝血类杀鼠剂和菊酯类杀虫剂。要注意不要使药物污染饲料，如果灭鼠、灭蚊蝇药混到鸡饲料里，对鸡群是一大危害。喷洒杀虫剂时要避免喷洒到鸡蛋表面、饲料和鸡体上。

（3）采用全进全出制　全进全出制是指在同一鸡场或同一鸡舍，在同一时间饲养同一日龄的鸡，采用统一的料号、统一的免疫接种程序和技术管理措施，并且在同一日龄出鸡舍，这样有利于鸡舍的彻底打扫、消毒、防疫，为饲养下一批鸡做准备，提高饲养经济效益。

（4）严格防疫管理　由于雏鸡的免疫系统功能还不完善，对病原微生物的抵御能力差，再加上通常是大群高密度饲养，饲养密度较大，一旦受细菌、病毒及寄生虫等侵害，造成某种疫病流行，将给雏鸡的饲养带来严重的损失。雏鸡疫病风险很大，防疫措施应当更加严格。例如，育雏舍不应靠近其他鸡舍，同其他鸡舍的距离至少100米，距离越远越好。为了有效地控制疫病的发生，有必要采取正确的消毒、药物预防及免疫措施。常见疫病的药物预防、常见疫病的预防接种，详见本书第六章。

（5）适时加喂沙砾　鸡无牙齿，无法咀嚼食物，依靠结实而发达肌胃的强烈收缩来磨碎食物。为了帮助雏鸡更好地消化吸收饲料中的营养物质，尤其是笼养和圈养的鸡，从1周龄起，经常喂些沙砾。沙砾存在于肌胃中，借助于肌胃的收缩，磨碎饲料。沙砾可由小米粒大小逐渐增大到高粱粒大，不同周龄的鸡所需的沙砾大小不同，以河滩小石子和花岗岩碎粒最好，较耐磨。胃中的沙砾大约2周更换1次，所以应该每10天补喂1次沙砾。沙砾洗净后晒干待用。沙砾不应拌于饲料中，防止采食沙砾过量。

(6)断喙　在雏鸡的饲养管理当中，由于管理不当，易发生啄癖。为了防止恶癖和减少饲料损失，7～10日龄前后需进行断喙。可采用专用断喙器，手术时一手持鸡，并用食指轻按咽喉部，使舌后缩，将鸡喙插入孔内，切除上喙的喙尖至鼻孔1/2处，下喙从1/3处，并烧烙3秒钟止血。

在断喙前后各1天饲料中可适当添加维生素K 2～4毫克/千克，有利于凝血，并可在饮水中加入多维素、维生素C。要求参加断喙的人员工作认真、耐心、细致，并妥善安排抓鸡、送鸡的人员。抓拿鸡的动作要轻，不能粗暴。由于断喙使鸡的采食量下降，摄取的多种维生素缺乏。因此，在断喙后要添加超剂量的多种维生素，并在饲料中添加维生素K，以防止出血过多。

断喙的本身会对鸡体产生不良影响，若与接种免疫工作重叠在一起，应激大，影响免疫接种的效果。因此，最好将两项工作错开进行，不要重叠进行。

断喙要领要熟练掌握，争取一次成功。若断得过长，不易止血。出血时，止好血再放手。切勿把舌头切去。断喙器必须经常清洁、消毒，以防止断喙时交叉感染疫病。虽然烧烙的刀片能将接触到的所有微生物杀死，但易受断喙器其他部位的污染，造成断喙后10～12天鸡的死亡率增加。断喙后要做好护理工作，在饮水中加入抗生素，如青霉素、庆大霉素等，平均每天每只鸡2万～3万单位，连续饮水3～5天，或饮用0.2%的高锰酸钾水，连饮2～3天即可。

由于断喙伤口使鸡有疼感，若料槽内饲料较浅，鸡为吃到饲料用力啄食，伤口会触到料槽底上，增加鸡的疼感；加上断喙后，喙被切去，嘴短，鸡吃食不方便，所以必须增加饲料的厚度。断喙后不能断水，应立即给水。由于断喙干扰鸡群，在炎热的夏季，鸡群因受高温的影响，会增加死亡率。因此，断喙要选择在天气凉爽的时间进行。

不同日龄的雏鸡，喙的长短和大小不一，断喙人员不易掌握，容易多切或少切。所以，不同日龄的雏鸡要分开断喙，不能混在一起。断喙后要仔细观察鸡群，对流血的鸡要重新抓住烧烙止血。

三、育成鸡的饲养管理

(一)育成鸡的生理特点

育雏期后就是育成期，时间为 9～18 周龄。这段时间虽没有雏鸡阶段要求严格，但这一阶段如果管理不好，对以后蛋鸡的生产性能的影响非常严重，直接关系到养鸡的经济效益。这一阶段鸡生长仍然很迅速，发育旺盛，羽毛已经丰满，具备体温自体调节能力和较强的生活能力；消化能力增强，食欲旺盛。育成前期是骨骼、肌肉和内脏器官发育的重要阶段；后期脂肪的沉积随着日龄的增长而增加，体重增长速度变慢；育成中后期生殖系统发育加快，直至性成熟。生殖系统对饲养条件的变化反应敏感，需要限制光照，保持适宜体质，防止过早产蛋或开产延迟。

(二)饲养方式

育成鸡的饲养管理方式分为舍饲、半舍饲和放牧饲养。舍饲和半舍饲较为常见，有场地条件的鸡场可以考虑半舍饲、放牧饲养。放养的鸡具有体质健壮、抗病力强的特点，且可以节省饲料。舍饲又分为厚垫料、网上平养与笼养 3 种方式。如果育雏是平养，育成也可在原舍内平养,就可以从1日龄一直养到18~20周龄后再转到产蛋鸡舍,这样可减少1次转群,使鸡减少应激的危害。

(三)育成期的环境标准和控制

1. 光照标准及控制　为控制鸡过量采食,防止鸡体过肥超重,限制过多活动,减少啄癖发生,在生长期宜采用较低的光照强度,舍内光照强度以5~10勒(每米^{2}1.3~2.7瓦的灯泡)为宜。为了控制鸡性成熟,防止鸡早产早衰,应按育成期间光照时间逐渐缩短或稳定短光照制度进行控制,每天光照时间一般不超过12小时。

不要经常变换光照强度,这会使鸡紧张。注意不要在红光中饲养育成鸡,红光会使产蛋鸡产蛋减少并产小蛋。

2. 温度与湿度的控制　育成鸡随着日龄的增大,舍内温度要逐渐降低,过高的温度容易使鸡群的体质变弱。一般育成舍的适宜温度为16℃左右,相对湿度为60%左右。

3. 通风的控制　育成舍要有良好的通风。因为育成鸡生长速度快,产生的有害气体多,若不注意通风,很容易患呼吸道疾病。应按育成鸡所需的通风量调整鸡舍的窗户和风机的开关时间。一般情况下,通风是为夏季6~8米^3/只·小时,春秋季3~4米^3/只·小时,冬季2~3米^3/只·小时。注意随着鸡的体重和日龄调整通风量。

4. 饲养密度　无论平养还是笼养,要想使鸡群个体发育均匀,必须遵守鸡舍的容纳标准。育成期密度大,易导致体重不达标、开产不整齐、啄肛等,增加死淘率。群养青年鸡一般平养每群以不超过500只为好,9~18周龄的鸡饲养密度为每米^{2}10~12只/米^2;笼养则每个小笼5~6只,每米^{2}15~16只。即应该保证每只鸡有270~280厘米^{2}的笼位,宽度8厘米左右的采食和饮水位置。

(四)育成期的饲养管理

1. 做好从育雏期到育成期的过渡工作

(1)转群　在转群前必须对育成舍及器具进行维修和清洗消毒,准备足够的育成舍,配备好用具。转群前2~3天,饲料中各种维生素喂量要加倍,同时还要饮电解质溶液,转群前6~8小时应停料。转群当天应给予24小时光照,以便鸡熟悉环境,充分采食饮水。转群后7天内不要进行预防接种。转群的同时应进行选择淘汰,主要淘汰一些不符合标准的鸡。转群的时间应选择在气温不冷不热的时间。如果在冬季,应在中午进行。抓鸡的动作要轻。转群后要勤观察鸡群的动态。

(2)脱温　由于育成舍里一般缺乏供暖设备,尤其在冬季,育雏舍与育成舍的温差可能较大,将给鸡造成较大应激。因此,脱温最好在育雏舍完成。

(3)日粮过渡　育成阶段的营养需要与育雏阶段有很大不同。主要区别是育成期日粮的蛋白质浓度必须比雏鸡日粮减少,这不但能合理地满足需要,而且能降低生产成本。雏鸡料和育成鸡料在营养成分和适口性方面有很大差异,鸡经过转群后应激较大,采食、饮水和行为都会受到影响。因此,新转群的鸡需要再喂1周左右的雏鸡料,然后由育雏料逐步换成育成鸡料。方法为:每天在雏鸡料中加入一定比例的育成鸡料,而且要把两种饲料搅拌均匀,使鸡感觉不到饲料的改变。一般每天增加1/6。可在1周之内更换完毕。若鸡的体重不达标,不宜更换饲料。

2. 分群饲养与均匀度　育成鸡的品质除了取决于体重和骨骼的正常发育外,还要看鸡群的均匀度。鸡群内的体重差异小,说明鸡群发育整齐,性成熟也能同期化,开产时间一致,产蛋高峰高,维持时间长。一般刚孵出雏鸡的均匀度是80%,随着日龄增加会有所降低,当均匀度低于70%时,就应考虑分群饲养。分群饲养指的是把弱鸡与强鸡分别组群饲养，采取不同的饲喂管理措施，促进生长发育，逐渐缩小强弱差距。因此，定期进行体重抽查，及时分群饲养，十分重要。

为了提高鸡群的均匀度，还可采取下列管理措施：①提供足够的食槽和水槽，要根据鸡的生长情况调节水槽和饲槽的高度；②增加喂料量或减少投喂次数。

3. 体重控制与限制饲喂 为了保持鸡群旺盛的食欲，应按时定量喂料，净槽匀料，适时限饲。是否采取限制饲喂应根据本场的条件、鸡的品种和鸡群的状况而定。鸡群饲养条件较差、育成鸡的体重低于标准体重时，切不可限制饲喂，相反要加强饲喂；若鸡群的饲料条件较好，育成鸡的体重高于标准体重或分群后的大鸡体重超过标准体重，可采用限制饲养。轻型蛋鸡沉积脂肪的能力相对弱一些，一般不需要限制饲养；中型品种鸡，特别是体重偏重品种的鸡，早期沉积脂肪的能力比较强，一般需要在育成阶段采取限制饲养的方法，这样有利于鸡群将来有较高的产蛋能力和存活率。

育成期限制饲养的目的是为了保持体重正常增长，防止过早性成熟，提高进入产蛋期后的生产性能；同时，减少采食量，降低饲料成本。限饲是从育雏期结束之后，对体重达到品种标准体重的育成鸡采用的。限饲时间一般是从 8～10 周龄开始，直到 17～18 周龄结束。

限制饲养的方法有限时、限量、限质等不同方法，在蛋用品种鸡上常用的是限量和限质法。

限量法的日喂料量是按自由采食的 90% 喂给。限制饲喂日喂料量减少了 10% 左右，但必须保证每周增重不低于标准体重。若达不到标准体重，易导致产蛋量减少，死亡率增加。

限质法是在配制日粮时，适当限制某种营养成分的添加量，造成日粮营养成分的不足。例如，低能量日粮、低蛋白质日粮或低赖氨酸日粮等，减少脂肪沉积。通常是把能量水平降低至 9.2 兆焦/

千克,粗蛋白质降至10%~11%,并提高日粮中粗纤维的含量,使之达到7%~8%。我国农村可采取这种办法。这种方法管理容易,可让鸡自由采食,无须断喙和称重。缺点是体重较难控制。

限制饲养时应注意的事项如下。

第一,限饲前必须将病鸡和弱鸡挑出来,因为他们不能接受限饲,否则可能导致死亡。

第二,整个限饲期间,要有充足的料槽、水槽,保证有足够的槽位让鸡同时采食,否则会降低鸡群的均匀度。

第三,限饲期间若有预防接种、疾病等应激发生,则应停止限饲。若应激为某些管理操作所带来的,应在进行这类操作前后各2~3天给予自由采食。

第四,采用限量法限饲时,要保证饲喂营养平衡的全价日粮。

第五,定期称重,每隔1~2周随机抽取鸡群的1%~5%进行空腹称重,算出的平均体重,与该品系鸡的标准体重相比较。若超过标准体重的1%,下周则减料1%;反之,则增料1%。

第六,限饲方式可根据季节和品种进行调整,如炎热季节由于能量消耗较少,可采用每天限饲,矮小型蛋鸡的限饲时间一般不超过4周。

4. 补沙 给鸡提供沙浴和补喂沙砾,可以提高饲料的消化利用率,促进消化系统的发育。饲喂方法:每10天左右补喂1次,每次添加量按每只鸡5克左右,单独放在沙槽内饲喂。

5. 做好防疫工作 育成阶段由于青年鸡只还处于生长阶段,同时由于实行限制饲喂等措施,容易造成饲养逆境,鸡体抵抗力较弱,这时常易发生一些疾病。疫苗接种工作应认真,免疫剂量及使用方式和时间应完全正确,最好能够监测产生抗体的滴度与均匀度,平养条件差的鸡舍要进行驱虫处理。

6. 选择和淘汰 对鸡的选择和淘汰可结合转群进行,此外,在育成期也可进行。选择的标准要根据体重、体型、外貌进行选择,经加强饲养管理仍达不到生产标准的鸡,有病、受伤、畸形的鸡,应将其剔除。

7. 开产前的饲养管理要点 育成鸡在16周龄左右生理上发生一系列变化,生殖器官迅速发育,钙贮备明显增加。产蛋鸡蛋壳形成所需要的钙有75%来源于饲料,25%来源于骨髓。因此,育成期补钙不足,将影响母鸡骨髓中的钙贮备,影响母鸡的骨骼发育,导致瘫痪病鸡增多。所以,在育成后期开产前10天或当鸡群见第一枚蛋时,应该补钙,将日粮中的钙水平提高到2%左右,其中至少有1/2的钙以颗粒状石灰石或贝壳粒供给,直到鸡群产蛋率达5%时,再将生长鸡饲料逐渐改换成产蛋鸡饲料。

18周龄时,鸡群若达不到标准体重,对原来限饲的改为自由采食,原为自由采食的则提高蛋白质和代谢能水平,以使鸡开产时尽可能达到标准。原定18周龄增加光照的,可推迟到19~20周龄。

1只母鸡在第一产蛋年中所产蛋的总重量为其自身重的8~10倍,而其体重还要增长25%。所以,鸡群一开始产蛋时应自由采食,直到产蛋高峰后2周。

8. 其他 如重新修喙、日常管理事项和保持环境安静等。

四、产蛋鸡的饲养管理

(一)产蛋鸡的生理特点

育成鸡经过第九至第十八周龄生长发育,已基本达到性成熟,陆续开始产蛋。为适应产蛋需要,骨钙沉积加快,以备在蛋壳形成过程中分解钙离子释放入血液中;产蛋鸡对日粮营养物质中的质与量要求高,产蛋后期还容易出现腹脂沉积,使体重增加。

(二)饲养方式

商品蛋鸡的饲养方式分为笼养和平养两种。一般万只以上的集约化蛋鸡场几乎全部采用笼养,农村专业户在产蛋阶段大多也采用笼养。这种方式饲养密度大,鸡的活动少,饲料报酬高,鸡较少受寄生虫的侵害。但笼养易使蛋鸡养得过肥及出现某些疾病。

(三)产蛋期的环境标准及控制

温度对产蛋率、蛋重、蛋壳品质和饲料转化率都有较大影响,15℃~25℃为产蛋鸡最理想的舍温。考虑外界气温随季节而变化,一般要求冬季舍温不宜低于10℃,夏季不宜超过27℃。否则,应采取辅助调节温度措施。鸡无汗腺,当温度高时,只有通过加大呼吸量蒸发散热。当环境温度达到38℃时,由于体温升高,会因过热衰竭而死亡。鸡的抗寒能力要比抗热能力强。一般在5℃以下才会对产蛋鸡有影响。蛋鸡舍舍内温度的控制主要是靠改变通风量来实现的。在保温性能良好、高密度饲养的蛋鸡舍内,在春、秋两季一般可以达到适宜的温度。但冬季气温低,应尽量减少通风量,注意防寒保温。而夏季要尽量加大通风量,要注意防暑降温。

在适宜的温度条件下,产蛋鸡最适宜的相对湿度为60%~65%,在相对湿度为40%~72%的范围内鸡都可正常产蛋。在通风良好的情况下,舍内空气湿度不会太高,但通风不良,鸡舍内湿度就会超标。如果湿度超过72%,鸡的羽毛潮湿污秽,易患关节炎;湿度低于40%时,鸡羽毛凌乱,空气尘埃飞扬,易产生呼吸道疾病。一般情况下相对湿度对鸡的影响与温度共同发生作用。在生产上特别要防止几种极端的情况,如高温高湿、低温高湿等。

鸡群进入产蛋舍后,光照时间要逐渐延长。密闭式鸡舍可在原来每天光照时间的基础上,每周增加0.5~1小时,直至每天光照16小时，以后保持恒定；开放式鸡舍全靠自然光照，不足部分用人工光照补充，一般于早、晚各开关灯1次，共计达到16小时，比较理想的是采用早晨补充光照，因为这样，不但符合鸡的生理特点，而且每天产蛋时间可以提早。产蛋后期光照时间可延长到17小时。光照制度一旦制定就应严格遵照执行，不能随意变更，否则将影响产蛋率。一般产蛋鸡的适宜亮度为10勒左右，可用40瓦的灯泡悬挂于2米高处，其光照强度为6勒左右。

通风标准与控制等可参考育雏舍环境标准与控制进行。一般夏季的通风量为0.113米^3/分钟·千克体重，鸡舍的气流速度为0.5米/秒；冬季的气流速度为0.1~0.2米/秒较适宜，最低通风量为0.03米^3/分钟·千克体重。进入鸡舍的风要均匀，防止死角。风速太大时，应设挡风板，防止风直吹鸡体。

使用机械通风的密闭式鸡舍通风应遵循以下原则。

第一，风机一般在夏季全开，春、秋开一半，冬季开1/4，同时注意交替使用，以延长电机的寿命。

第二，排风时，风机附近的窗户要处于关闭状态，以免形成气流短路。

第三，天气寒冷时，进风口和排风口处要装风斗，避免寒风直接吹到鸡身上。

在我国现有的生产条件下，商品蛋鸡多采用3层全阶梯或半阶梯鸡笼，每个鸡笼养3~4只。每只鸡所占笼底面积：轻型鸡为380厘米^2，中型鸡为451厘米^2；轻型蛋鸡的笼养密度为26.3只/米^2，中型蛋鸡为20.8只/米^2。

鸡生活的小环境或周围环境噪声强度过大，会引起鸡啄癖、惊恐、乱飞，因而造成不利的影响。噪声对蛋鸡最严重的影响是软壳蛋增加，进入腹腔的卵黄增加，从而造成产蛋量急剧下降。一般要求鸡生活的环境噪声不能超过85分贝。

总之，环境因素对蛋鸡产蛋的影响是相互作用的，生产中应综合考虑,尽量给予鸡适宜的环境因素,使鸡发挥最大的生产潜力。

(四)从育成鸡到产蛋鸡的转群工作

1. 转群前的工作 在转群前的3～5天将产蛋鸡舍准备好,并进行严格消毒,待饲养设备安装、维修等工作完成后,方可进鸡。

在转群前1周做好后备鸡的免疫接种、驱虫工作,并保持环境安静,减少各种应激因素的干扰。

做好转群舍和饲养员的安排,准备鸡群所需的饲料,并确定转群时的参加人员,备好运鸡工具等。

2. 转群时间 转群时间一般在16～18周龄进行。而对于商品代鸡要达到标准时方可转群,如迪卡蛋鸡体重达到1 450克之前2周进行转群,也就是说转群时间不是以周龄而是以体重决定的。也要防止转群过晚,最好在开产前2周转群,以免影响正常开产。

3. 转群操作 转群是一项比较繁重的工作,要求人员合理分工,集中人力、物力把转群工作做好。

(1)抓鸡 若平养选用隔网围栏将鸡圈起来。为尽量减少惊群,防止压伤,每次围圈鸡数不要太多,抓鸡动作要迅速,不能粗鲁,防止折断鸡腿部和翅膀。若围栏卡住鸡的腿部、头部或翅膀,要轻轻取出,禁止用力拉或用脚踢开,尽量减少人为的伤残。

(2)鸡只质量检查 技术人员严把质量关,每只鸡都要严格检查,选择体格结实,发育匀称,体重、外貌符合本品种要求的鸡转到产蛋鸡舍。把那些不符合要求的鸡淘汰掉,断喙不良的鸡也要重新修整。可以结合转群,按鸡的体重大小完成分群工作。

(3)计数 经技术人员质量检查过的鸡要设专人计数,最好由场里统计人员具体负责。产蛋鸡舍是笼养方式的,每笼按规定放几只,密度要均匀;平养鸡舍,每个围栏或每个隔间放多少,要按饲养密度要求放入鸡数。

(4)运输　装鸡时,不要将鸡硬塞乱扔,防止骨折。每车数量不要过多,以防压伤。装上一定数量的鸡后,迅速而平稳地运到产蛋舍。运输途中,减少颠簸,防止鸡从车内跑出来,对个别从运输车左右两边的网孔伸出头来的鸡要及时调整其头部,以防止挤伤,尽量减少不应有的损失。

4. 转群后的工作　转群后,尽快恢复喂料和饮水,饲喂次数增加1~2次,不能缺水。由于转群应激影响,鸡的采食量需4~5天才能恢复正常。为防止维生素缺乏,饲料中添加1~2倍的复合维生素或电解质。饲料仍使用育成后期料。产蛋鸡舍采用乳头式饮水器,育成期采用其他饮水设备的,转群后要不断拨动乳头,检查是否有水,并尽快教会新母鸡饮水。为使鸡群尽快熟悉产蛋舍内的环境,应给予48小时的光照,2天后再恢复到正常的光照制度。

经常观察鸡群,特别是笼养鸡,防止卡脖而死,跑出笼外的鸡要及时抓回笼内。由于转群的应激,出现部分的弱鸡,要及时挑出淘汰。

(五)阶段饲养

蛋鸡产蛋期间的阶段饲养是指根据鸡群的产蛋率和周龄将产蛋期分为几个阶段,并根据环境温度喂给不同营养水平的蛋白质、能量和钙量的日粮,使饲养更趋合理并减少蛋白质消耗。

可分为两阶段或3阶段饲养法。两阶段饲养法是以50周龄为界将产蛋期划分为两个阶段。50周龄以前的鸡尚在发育,又值产蛋盛期,日粮粗蛋白质水平为16%~18%;50周龄以后,鸡体发育完成,产蛋下降,日粮粗蛋白质减至14%~15%。但应注意钙水平的提高,因为母鸡40周龄以后钙的代谢能力降低。

3阶段饲养法是将母鸡按产蛋率高低将产蛋期分为3个阶段:从开产起至产蛋率80%之前为第一阶段,通常是21周龄初至

28周龄末;当鸡群的产蛋率上升到80%以上,即进入了产蛋高峰期,为第二阶段,一般29~60周龄;从鸡群的平均产蛋率为80%以下至鸡淘汰下笼,一般60周龄以后为第三阶段。

1. 产蛋前期的饲养管理 产蛋前期母鸡的繁殖功能旺盛。一方面母鸡要迅速提高产蛋率,大致每周增加20%~30%;另一方面母鸡的体重平均每周要增加30~40克,蛋重每周也增加1.2克左右。因此,产蛋前期的饲养管理是最重要的,这一时期应每日喂给鸡18克优质蛋白质,1.26兆焦代谢能。

当蛋鸡群的产蛋率达到5%的时候,应逐渐将育成后期料换成产蛋鸡料。换料要与增加光照时间配合进行。母鸡一旦开产,应尽量避免应激,使之能安静产蛋。应定期称体重和蛋重,检查饲养和营养状况,经常调整鸡群,将一些体重较小、冠髯较小且颜色不够红润的鸡挑出来,集中安置在中上层近光源处饲养。

2. 产蛋高峰期的饲养管理 一般将蛋鸡开产后达到80%产蛋率以上的时期定为产蛋高峰期。现代蛋用鸡的产蛋高峰期很长,一般可达6个月或更长。高峰期的产蛋率与全年的产蛋量呈强正相关,所以要想鸡群产蛋量高,就必须提高高峰期产蛋率和维持产蛋高峰期的时间。

首先要满足产蛋鸡所需要的环境条件(请参考本章第三节的内容)。营养要满足产蛋与增重的需要。这一阶段大多数鸡连产期很长,一般连产6~9枚蛋后才停产1天,鸡体的营养消耗较大,只有保证鸡每天能摄入足够的营养物质,高产才有物质基础。每日每只鸡进食粗蛋白质,轻型鸡要达到17~18克,中型鸡要达到19~20克;轻型鸡的代谢能不低于1 225千焦,中型鸡不低于1 381千焦。要保证饲料质量的相对稳定,特别是日粮蛋白质、钙、磷、维生素A、维生素D_3、维生素E等的含量。定期检查体重和蛋重。在进入产蛋高峰期后,鸡的体重和蛋重仍在继续增长,一直到40周龄才能达到成年鸡体重,每周检查鸡群的体重、蛋重,有助于及时了解营养状况和管理条件。

高峰期的产蛋有一定规律,在高峰期产蛋率一旦下降就难以恢复。因此,在日常管理中要特别注意避免产蛋鸡产生严重的应激反应,饲养管理的操作程序要稳定,避免饲料、疾病、天气突变和严重惊吓等应激因素的发生。

3. 产蛋后期的饲养管理 此阶段饲养管理的目标是使产蛋率尽量保持缓慢地下降,且要保证蛋壳的质量。主要措施是:一方面要给蛋鸡提供适宜的环境条件,保持环境的稳定;另一方面为了维持鸡的适宜体重,对产蛋高峰过后的鸡进行限制饲养。

限制饲养一般在产蛋高峰期过后 2 周进行,有质的限饲和量的限饲两种方法。质的限饲主要是控制能量和蛋白质,一般能量摄入量可以降低 5% ~ 10%,将饲料中的蛋白质水平降至 12% ~ 14%。日粮中钙的配比却要增加。产蛋鸡随周龄增长,吸收钙的能力衰退,为保证蛋壳质量,要增加日粮含钙量,一般认为后期钙应为 3.6%,高温(33℃)时可提高至 3.7%,一般不宜超过 4%。喂料量的限制以减少不超过正常食量的 10% 为最适宜。产蛋后期的限制饲养不仅在产蛋期维持了适宜的体重,利于发挥生产潜力,避免因自由采食导致的体重增加、腹脂沉积过多,使产蛋率下降,更重要的是降低了饲料成本。

为了使鸡多产蛋,蛋鸡淘汰的前 2 周可增加光照到 18 小时。

(六) 日常饲养管理

1. 观察鸡群 通过观察,掌握鸡群动态,熟悉鸡群情况,以便于采取有效措施,保证鸡群健康和稳产高产。观察鸡群主要从以下几个方面考虑:采食情况、饮水情况、精神是否饱满;鸡冠的颜色是否鲜红,肛门是否干净,粪便是否正常;观察鸡只是否有啄斗现象等。夜间关灯后要细听鸡有无呼吸道疾病的异常声音,喂料给水时,应观察料槽、饮水器的结构和数量是否符合鸡的采食和饮水的需求。注意舍内温、湿度变化,特别是温度变化。

定期称重,监测体重的增长情况,前期体重周平均增长可达40~50克,后期增长为10~20克。可4周称1次。

2. 检查设备并减少饲料浪费 检查设备主要指饮水器是否漏水,料槽是否破损,笼饲设备有无破损,通风设备是否运转正常,供暖、降温设备是否正常等。

为了减少浪费,饲料添喂量不可过多,饲料槽中的饲料存量不要超过槽高的1/3。料槽结构要合理,料槽不能太浅。对于饲料应妥善保存,防止霉变、虫害。

3. 及时淘汰低产鸡 母鸡的产蛋量,以第一个产蛋年最多,第二个产蛋年次之,第三年更少,一般每年以20%左右的递减率下降。所以,目前生产上产蛋鸡大多只利用1年,在产蛋1年后或自然换羽之前就淘汰。低产鸡一般鸡冠变小、萎缩、粗糙而苍白。若主羽已脱落,且其耻骨间距缩小,即为早换羽的停产鸡,应予淘汰。对一些体小身轻或过于肥大或已瘫痪的鸡,也应及时淘汰。

4. 保持良好而稳定的环境,减少应激 若环境突然改变,会引起鸡群骚乱,使产蛋率下降,故必须尽可能减少应激,维持安定和良好的环境,防止惊群。鸡舍应固定操作人员,操作应稳而轻,减少进入鸡舍的次数,不要在舍内大声喧哗,保持环境的安静。

5. 采取综合性卫生防疫措施 注意保持鸡舍环境卫生,定期消毒,定期对鸡群的抗体进行监测,主要是鸡新城疫、禽流感这2种病的监测。

6. 捡蛋 产蛋分布规律见表5-3。根据产蛋分布规律,每日的捡蛋次数定为3次,即上午11时、下午15时、17时各1次。夏季炎热季节可在上午增加1次,即在10时和12时各捡1次。每次捡蛋后应立即送到蛋库进行集中分级保管。

表 5-3 捡蛋时间及产量

捡蛋时间	17:00~18:00	8:00~10:00	10:00~12:00	12:00~15:00	15:00~17:00
占产量(%)	6	23	46	20	5

初步分级,应剔除软皮蛋、沙皮蛋、污染蛋(粘有不易清除的鸡粪、饲料、蛋液等)、破蛋、白皮蛋、小蛋(无黄蛋或蛋重小于50克的鸡蛋)、畸形蛋(双黄蛋单独挑出来)和特大蛋等。不作为鲜蛋销售,可用于蛋产品加工。

最好用蛋托收集鸡蛋,这样可有效降低破损率。经验数据表明,使用此种方式捡蛋可将蛋破损率降低30%以上。如果使用纸质蛋托,最好一次性使用。使用塑料性蛋托时,每次使用后应进行彻底消毒,先用0.2%火碱液浸泡,再使用清水冲洗,车间最好不要交叉使用,可以用标号或颜色区分。

鸡蛋在鸡舍内暴露的时间越短越好,从鸡蛋产出到蛋库保存不得超过2小时。消毒后送蛋库保存。

7. 做好生产记录 包括生产日报表和周、月报表。捡蛋后,将破蛋、软壳蛋、双黄蛋单放,清点蛋数做记录。生产中一般破蛋率在2%~3%之间。为了减少破蛋率应采取以下措施:①选择蛋壳质量好的蛋鸡品系饲养;②加强管理,提供产蛋鸡一个良好的生存环境,尽量减少应激,尽量避免外界强光及声响的刺激,禁止外来人员参观,保持车间饲养人员的稳定;③保证饲料中各种营养成分的含量和比例适当(如钙、磷比例,维生素 D_3 与锰含量充足);④鸡群应合理防疫,提高鸡群的健康水平;⑤使用高质量的鸡笼,笼具设计安装时笼底的坡度以8°~10°为宜,对笼具设备定期维护。

(七)鸡群的四季管理

春季气候逐渐变暖,日照时间延长,是鸡群产蛋最适宜季节;

但气候多变,早晚温差大,又是微生物大量繁殖的季节。在管理中应注意如下几点:①提高日粮营养水平,搞好卫生防疫工作;②注意保暖的同时适当通风,要根据气温的高低、风向决定开窗次数;③笼养时及时清除笼底下的鸡粪,以减少疫病发生的机会,同时,还要抓好鸡场周围环境的净化消毒工作。

夏季气温较高,饲养管理的主要任务是防暑降温,并保证营养的足够摄入。温度高于25℃时产蛋率开始下降,蛋壳变薄,小蛋和破蛋增加。可采取下列措施:减少鸡舍所受到的辐射热和反射热,例如采用隔热材料做房顶建筑材料,鸡舍向阳面、房顶涂成白色,舍内装有吊棚;增加通风量,采取纵向通风,当温度超过30℃时,采用湿帘和喷雾降温法,在鸡舍通风口安装湿帘,经湿帘冷却的空气纵向流经鸡舍,带走舍内鸡产生的代谢余热,可降低舍温2℃~4℃,效果较好;应保证足够的饮水器和清洁的饮水,降低饲养密度,一般笼养鸡应减少20%左右;根据采食量变化应调整日粮浓度,每千克日粮能量降低0.209~0.418兆焦,粗蛋白质水平提高1%~2%,考虑到环境温度对采食量和蛋壳质量的影响,夏季应增加饲料中钙的含量,补钙可用贝壳粉、牡蛎粉,在黄昏补饲,一般补饲量是日粮的1%~1.5%。

日粮中加入抗热应激的添加剂,如添加油脂。用3%~5%的油脂代替部分能量饲料,使鸡的净能摄入量增加。另外,可在饲料或饮水中提高维生素的供应量,如添加0.02%维生素C,或其他一些抗热应激的添加剂,如电解质和杆菌肽锌。可采用两头饲喂法,在早上天亮后1小时和傍晚后两个采食高峰时喂饲,有条件的进行半夜加料。

夏季蛋鸡粪便较稀,一方面可以使鸡舍湿度加大,另一方面鸡粪易发酵产生有害气体,诱发呼吸道疾病。因此,清粪应及时。

秋季日照时间变短,天气凉爽,对产蛋鸡来说增加人工光照才有利于促进产蛋。秋季开放式鸡舍要注意补充人工光照,防止鸡群发生换羽。此时应进行选择、调整鸡群,一般换羽和停产早的鸡,大都是低产鸡和病鸡,应尽早淘汰。在当年小母鸡尚未开产,老母鸡已停产或产蛋率很低时,可进行疫苗接种或驱虫,避免影响产蛋量。同时,早秋天气闷热,雨水较多,舍内湿度大,所以白天要加强通风;深秋昼夜温差大,要做好防寒保暖工作,注意鸡舍的通风换气。

冬季日照时间最短,气温最低。低温对鸡的影响不如高温影响严重,但温度过低,会使产蛋量和饲料转化率降低。舍温高于7℃时产蛋量基本正常,舍温降至5℃时,产蛋量明显下降,-9℃以下时鸡就有冻伤的可能。应做好防寒保暖工作,防止贼风侵袭。入冬前要维修鸡舍,屋顶、门窗、墙壁一切缝隙都要用草泥糊严,所有窗户都要钉透明度较好的塑料薄膜,可内外各钉1层,门上挂棉门帘,在屋顶铺设稻草、麦秸等。在严冬可在室内生火炉或砌火墙以增加舍温。由于冬季日照时间短,可进行人工补充光照,使总的光照时间不少于16小时。在做好保温的前提下,应注意通风换气,每天选中午温度升高、风小的时间通风换气,将南面的窗户打开,每天2~5次,每次10分钟。冬天鸡体散失热量大,要提高日粮中的能量水平,如增加0.083~0.209兆焦/千克。

(八)人工强制换羽

换羽是鸡的一种正常的生理现象。自然条件下,母鸡产蛋1年以后,到第二年夏、秋开始换羽。换羽时母鸡一般停产。自然换羽时间长,需4个月左右,而施行人工换羽只需50~60天,缩短了换羽停产时间,且可延长产蛋鸡的利用年限,一般可增加6~9个月的产蛋期。常用的方法有饥饿法(畜牧学法)和化学法。

用于强制换羽的鸡群,一般为已经产蛋9~11个月的健康鸡群,产蛋率已降至70%左右。开始强制换羽前先把病、弱、残个体挑出淘汰,对选留的健康群在强制换羽措施实施前1周接种新城疫疫苗，在舍内随机抽测50只左右的鸡称重并做记录。实施饥饿法后使鸡的体重减轻25%～30%，再恢复喂料。

1. 饥饿法 用此法实施强制换羽的措施见表5-4。

表5-4 饥饿法实施强制换羽的措施

季节	停水＋绝食(天)	给水＋绝食(天)	合计(天)	体重减轻率(%)	光照
春	2～3	8～11	10～14	20～30	开放式鸡舍停止补充光照；密闭式鸡舍从16小时降至8小时
夏	3～4	9～12	12～16	25～35	
秋	2～3	8～9	10～12	20～30	
冬	1～2	6～8	7～10	15～25	

引自杨宁主编《现代养鸡生产》

2. 化学法 采用不停料，而用含2%高浓度锌(2.5%的氧化锌或3%的硫酸锌)的日粮、高碘日粮(含碘量为0.5%～0.7%)或低钙日粮(钙含量低于0.08%)、低盐日粮(钠含量低于0.004%)来饲喂强制换羽鸡群。

具体做法是，在饲料中添加2.5%的氧化锌或3%的硫酸锌(正常添加量为50毫克/千克)，配制成高浓度锌的日粮，喂饲5～7天。由于鸡采食过量的锌能抑制其食欲中枢，造成采食量大幅度减少，使鸡群完全停产。体重减轻25%～30%之后换用产蛋期饲料。在此强制换羽期间，不停水，密闭式鸡舍光照时间从每天16个小时降至8个小时，开放式鸡舍停止补充光照，采用自然光照，27天后逐渐恢复到原来的光照时间。

第六章 蛋鸡无公害养殖的卫生防疫

一、疾病防治的绿色观念

蛋鸡场的防疫工作对于无公害鸡蛋的生产有两方面的意义：一方面，为了治疗和预防疾病，人们常不得不使用药物，造成药物残留；另一方面，动物疫病不仅危害动物的健康，而且人、兽共患病还常由动物传染给人，严重地危害人类的健康。因此，做好防疫工作是非常重要的。

如何科学地防疫是无公害鸡蛋生产面临的最棘手的问题之一。生产无公害鸡蛋，要求在现代养鸡生产的过程中必须采取无公害防疫技术。无公害防疫即是在一般性的防疫措施中，杜绝使用一切对人体健康、社会环境和鸡体本身安全有影响的生物制剂、药品和技术，重点通过控制鸡的饲料、饮水和环境卫生的质量，从而保证生产出的鸡蛋符合无公害食品的要求，特别是应尽量不用药物或少用药物，以减少药物残留。同时，应讲求效益，用较少的钱、较少的人力达到良好的效果。

要想达到以上目的，防疫工作必须坚持预防为主、防治结合、防重于治的方针。预防和治疗，可以说是有百倍的效益差别。因为疾病一旦发生，则必然造成较大的损失，即鸡场多花 1 元钱进行防疫，可以免除 100 元的经济损失。养殖场应采取综合性的防治措施，从场址的选择、鸡场的布局、设备的安装、雏鸡和饲料的选择、饲养管理、消毒隔离、疫苗接种、药物应用与动物保健检测等生产的各个环节着手，环环相扣，解决防疫问题，减少疫病的发生。

防疫的基本内容包括了两个方面，即平时的综合性预防措施和发生疫病时的扑灭措施。

（一）平时的综合性预防措施

第一，坚持自繁自养的原则，实行全进全出的制度，减少疫病的传播。这是行之有效的防病措施。

第二，加强饲养管理，提高鸡体体质，增强鸡群的抗病能力。

第三，结合实际，制定切实的免疫计划，选择适宜的疫苗，实行有效的预防接种和补种。这是防止疫病发生的重要手段。

第四，重视环境卫生，做好消毒工作，定期杀虫灭鼠，这是防止疫病发生的重要环节，也是做好各种疫病预防的基础和前提。

第五，有计划地适时进行药物预防，防止疾病发生。

第六，不断提高饲养管理人员和兽医技术人员的素质，建立健全防疫制度并贯彻执行，坚持进行疫情监测、分析和预报，有计划地进行疫病的净化、控制和消灭工作。

（二）发生疫病时的扑灭措施

第一，密切注视和观察整个鸡群的动态，及时发现、诊断疫情。一旦发现疫情，及时报告业务主管部门，并通知邻近地区和单位做好预防工作，将疫病限制在最小范围内，及时扑灭，尽量减少损失。

第二，迅速隔离病鸡或有病鸡群，禁止无关人员进入，并进行必要的场地消毒。

第三，在力求正确诊断的前提下，采取果断措施，如紧急接种，立即通过饲料或饮水投药进行全群治疗，必要时可逐只进行治疗。

第四，无害化处理已死亡的以及需要淘汰的病鸡。与病鸡同一栏舍的鸡只，不论是否有肉眼可见的症状及病变，在一定时间内均应视同病鸡看待。有救治价值的病鸡应隔离饲养，由兽医进行诊治。同时，对病鸡的排泄物也要进行无害化处理。

第五,病死鸡及排泄物处理完毕后,其栏舍、用具及设备等应严格彻底地清扫与消毒,并空置一定时间,避免新进入的鸡群又发生同样的疫病。

确诊发生高致病性禽流感等疫病时,蛋鸡场应配合当地兽医部门,对鸡群进行隔离扑杀;发生禽白血病、禽结核病等病时,应对鸡群实施清群、净化,全场进行彻底的消毒,病死或淘汰鸡的尸体要进行无害化处理。

二、建立良好的生物安全体系

生物安全是指防止致病性微生物、寄生虫和害虫侵入鸡场及阻止其在鸡场、鸡舍及鸡群内传播的一整套管理措施。与用药物和疫苗防治相比,生物安全体系是最有效和成本较低的防疫方法。具体内容包括以下几个方面。

(一)场址的选择和鸡场建设

第一,保证场地无病原污染,不能在原有的鸡场上建场或扩建。要高度重视水源水质,严防各种病原微生物及有害化学物质的污染。

第二,远离传染源,具有隔离条件。鉴于我国的实际情况,鸡场或鸡舍周围建围墙或篱笆,设置绿化隔离带。

第三,养鸡场应由小规模分散饲养过渡到大规模集约化饲养,压缩饲养场的数量,扩大单个饲养场(户)的规模。

第四,鸡舍布局要合理,鸡舍间距要合乎卫生防疫要求。

第五,鸡舍的结构力求合理,地面、天棚、墙壁耐冲刷、耐酸、耐碱。要尽量采取前期棚架饲养方式,棚架坚固平整,便于拆卸、安装和清洗消毒。

第六,鸡场必须有良好的排污条件,粪便及污水必须能够及时进行发酵处理和排除，严防鸡场周围粪便及污水污染。

(二)严格人员与车辆管理

鸡场区域周围应建筑围墙，围墙外最好设防疫沟。鸡场所有入口处应加锁并设有“谢绝参观”标志。鸡场门口设消毒池和消毒间，所有进场人员要脚踏消毒池，进场人员除了鞋消毒外，还要经过紫外线照射的消毒间杀灭身上可能携带的病菌。

1. 本场人员管理 场内所有人员要具备一定的文化素质，经过专门培训，懂科学饲养管理的基本知识，有高度的生物安全意识，工作人员身体健康，没有人、兽共患病。

饲养员实行封闭式管理，在鸡场内吃、住，专人送饭。或者，饲养人员在生产区外居住，饲养人员进鸡舍前必须洗澡淋浴，更换干净的工作帽、工作服和工作鞋，然后进场工作。这是防止场与场之间交叉感染最有效的措施之一。如无法做到洗澡淋浴，所有员工到场工作时必须更换洁净的工作帽、工作服和工作靴。

人员、动物和物品运转应采取单一流向，防止污染和疫病传播。由于不同日龄的鸡群抵抗能力不同，年幼的鸡群接种免疫项目少，对某些疾病还没有抵抗力，而大龄鸡群，接种免疫项目多，抵抗力强。因而，每栋鸡舍要专人管理，各栋鸡舍用具也要专用，严禁饲养员随便乱串和互相借用用具。管理人员在场区内检查鸡群时，应先检查年轻鸡群，后检查大龄鸡群。进入每个不同区域都要对工作靴进行消毒。消毒工作靴有助于减少工作靴携带微生物。对隔离区和生产区，要使用不同的工作靴，防止通过工作靴传播疾病。

2. 外来人员管理 由于外界人员身上可能携带病原，所以养殖场一般是不允许随意参观的。特定情况下，参观人员在淋浴和消毒后穿戴工作服、工作帽和工作靴才可进入。所有出入生产区的人员一律实行登记制度，登记表要写明进入人员的身份、理由、时间、更衣、沐浴和消毒等情况。严禁卖药、收鸡、买鸡粪的人员入内。

3. 车辆管理 进出的车辆一定要经过消毒池消毒。来鸡场的车辆一般都是在这一行业来回走的，所以容易造成携带病原感染鸡场。进场车辆建议用表面活性剂消毒液进行喷雾。携带入舍的器具和设施都是潜在的疾病来源。因此，只有将必要的物品经过彻底清洗和消毒之后，方可带入鸡舍。

（三）从可靠的种鸡场购买雏鸡

1. 来自健康鸡群 注意引种来源，不得从疫区购买雏鸡。雏鸡应来自有种鸡生产许可证，而且无鸡白痢、鸡伤寒、新城疫、禽流感、支原体病、禽结核和白血病的种鸡场，或由该类鸡场提供种蛋所生产的经过产地检疫的健康雏鸡。一定保证雏鸡来自健康鸡群，种鸡场应对种鸡群定期检疫。

2. 来自合格的孵化场 孵化场建立严格的消毒制度，从捡蛋到出雏，严格按消毒规程消毒。

3. 严格雏鸡检疫 抽检雏鸡的垂直传染性疾病、胚胎感染性疾病和母源抗体水平（新城疫、流感、法氏囊病）的情况。

4. 严把雏鸡外表质量关 保证雏鸡孵化良好、健康活泼、大小均匀和无明显病症。

（四）严格控制其他传染源

1. 最好从同一种鸡场购进雏鸡 由于不同种鸡场流行疾病可能不同，接种疫苗种类也不同，因而，雏鸡的母源抗体水平有差异，不宜在一块饲养。一般来说，1 栋鸡舍或全场的所有鸡只应来源于同一种鸡场，而不是这个鸡场的雏鸡数量不够用，由另外 1 个鸡场的雏鸡来凑齐。如果从多个鸡场进鸡，各个种鸡场的病就会聚集在你这里，到那个时候就不好消灭了。所以，最好只从 1 个种鸡场进雏鸡。

2. 同一生产小区严格实行全进全出制 即同时进鸡苗，同时全部出栏。这样做便于彻底清理与消毒，防止1栋鸡舍里养不同年龄的鸡，引起疫病交叉感染。

3. 做好空舍的清理、消毒和管理工作 空舍时间即为彻底完成清洗和消毒工作程序之后与下一批鸡群入舍之间的间隔时间。一般鸡舍清理完毕到进鸡前，空舍至少需要2周。关闭并密封鸡舍，防止野鸟和鼠类进入。

4. 严防村庄散养鸡、鸭、鹅、犬、猫等畜、禽进入生产区 另外要注意，同一养禽场不能饲养其他禽类，更不能养鸟，或其他野禽，以免交叉感染。这些禽类可能是病毒的携带者，虽然本身不发病，但能将疾病传给鸡。禁止携带家禽及家禽产品进入场内。

三、免疫接种

有计划地免疫接种，是预防和控制蛋鸡传染病的重要措施之一。通过免疫接种，使机体产生对疾病特异性的抵抗力，减少疫病带来的损失，也减少由于用药造成的药物残留问题。下面从制定免疫计划的基本原则、疫苗的选择和使用、免疫接种的途径与方法、免疫程序的制定及免疫接种失败的原因等方面，对蛋鸡的免疫接种进行阐述。

(一)制定免疫计划的基本原则

免疫接种是一项科学性极强的工作，任何小的失误都可能引起严重的后果。所以，在每批蛋鸡生产周期开始之前，必须首先制定好相应的免疫计划，供生产过程中参照执行。计划包括对每种传染病的免疫程序，所用疫苗的种类、品系、来源、用法、用量、接种时间、顺序和次数等内容。制定免疫计划时，应该从本场的实际情况出发,参考下列基本原则进行。

第一,掌握本地区和雏鸡供应地区的鸡病流行特点,以及本场疫情流行历史和现状,将直接威胁生产,需要重点防范的疫病列入免疫计划。但对当地尚未发生的疾病,不要轻易引入疫苗,尤其是强毒型活疫苗。否则,很容易造成病原扩散,对血清学监测也会产生干扰。

第二,科学的免疫程序应建立于免疫监测的基础上。有条件的鸡场应根据免疫的结果确定免疫时机,其他鸡场可请教当地兽医或参考当地鸡场的免疫程序。

第三,对疫苗的效力、产地和使用要求应事先了解清楚。养鸡场(尤其是大型养鸡场)对自己没有使用过的疫苗,如确定要用,应先进行小规模的试验,确实安全和有效后再大规模推广,以免造成难以挽回的损失。

第四,一套免疫程序和计划在运用一段时间后,需要根据免疫效果对其可行性进行评估,并作适当调整。

(二)疫苗的选择和使用

无公害蛋鸡高效养殖所用的生物制品,应是国家定点生产的、有正式批准文号的产品,不得应用任何中试产品。使用国外生物制品时应注意该产品是否在中国农业部注册,只有注册后才被允许使用。不合格的生物制品可造成疫病的感染、传播和有害物质的残留。

选择疫苗时,首先要考虑当地疫病的流行情况。鸡新城疫流行程度轻的地区可用比较温和的疫苗类型,如新城疫病毒低毒力毒株 B1 株和 Lasota 弱毒疫苗,而鸡新城疫疫病严重地区则应选择效力较强的疫苗类型,如鸡新城疫Ⅰ系活疫苗(鸡新城疫中等毒力活疫苗)。对强毒疫苗(尤其是活疫苗,如传染性喉气管炎强毒、小鹅瘟强毒等)应该尽可能避免使用。

其次,要考虑疫苗的类型。一般来讲,弱毒活苗使用途径多、用量少、成本低,很适合在常规免疫中使用。而灭活苗无毒力残留,可以提供强而持久的免疫力,毒株或菌株之间相互干扰少、受母源抗体和环境条件(如消毒剂)的影响也小,但由于只能采取注射接种,用量大,成本较高,所以普遍用于加强免疫。另外,对一些不易得到弱毒株或疫苗的病以及突发疫病,也常通过使用自家灭活苗加以控制。有专家认为,对付传染性喉气管炎这类即使弱毒株也存在散毒危险的病,最好使用灭活疫苗或基因工程疫苗。

用同一种疫苗重复免疫时应按照先用活苗后用灭活苗,先用弱毒苗后用强毒苗的顺序安排。如鸡新城疫疫苗先用克隆30弱毒苗,后用I系油乳剂灭活苗;传染性支气管炎疫苗先用H_{120},后用H_{52}等。

再者,要根据免疫计划合理选用多联苗和多价苗。

在疫苗的使用方面,主要应注意四方面的问题。

第一,在冷暗环境中运输和保存。冻干苗和湿苗需要在-20℃~4℃(进口冻干苗一般为2℃~8℃)保存;细胞结合型疫苗(如马立克氏CVI_{1988})应在液氮中保存;灭活苗则需2℃~15℃保存,并且避免冻结。即使在稀释和使用过程中,所有疫苗均不得受到阳光的直射或靠近热源。

第二,合理稀释与定量。有的疫苗可用生理盐水或蒸馏水稀释,有的疫苗(如马立克氏细胞苗)须用指定的稀释液。除了饮水和气雾免疫时,可在稀释液中加入0.1%~0.3%的脱脂乳以保护疫苗外,不要随便加入抗菌(抗病毒)药物或其他物质(如消毒剂),也不要随便将不同疫苗混合接种。稀释疫苗时剂量需准确,并无菌操作。稀释好的疫苗注意冷藏并在规定时间内尽快用完。

第三,正确使用。应严格按照生产厂家的疫苗说明或使用手册执行,不要随便改变疫苗标定的接种途径。使用活毒菌苗时应注意提前停用消毒剂,使用细菌性弱毒菌苗时要提前停用抗生素。

第四，做好免疫接种的详细记录（包括疫苗种类、来源、接种方法、操作人员等），以及接种后（一般为7～14天）的效果监测。

（三）免疫接种的方法

常用的免疫接种方法包括饮水、滴鼻、点眼、喷雾、注射和刺种等。只要严格按照生产厂家推荐的程序进行，都不会出什么问题。灭活苗只能用注射的方法接种，而对活苗来讲，可选择接种的途径较多。

1. 饮水免疫法 冬季饮水免疫前4小时、夏季饮水免疫前2小时要停止给水，使鸡群有渴感。饮水器反复冲洗干净后，再用凉开水冲洗1遍，确保无残留消毒剂或异物。用于饮水法免疫的疫苗用量一般为注射剂量的2～3倍，用凉开水（蒸馏水或深井水）稀释疫苗后，再加入0.1%的脱脂奶粉或山梨醇。最好在早晨饮水免疫，防止阳光照射，1小时内饮完，再过0.5小时方可喂料。24小时内不准饮高锰酸钾水及使用其他消毒剂。此法适合鸡新城疫Ⅱ系、鸡新城疫Ⅳ系和法氏囊病弱毒疫苗等的接种。

2. 滴鼻点眼法 将500只剂量的疫苗用25毫升生理盐水或蒸馏水稀释摇匀。在滴入疫苗之前，应把鸡的头颈摆成水平的位置（一侧眼鼻朝天，另一侧眼鼻朝地），并用1只手指按住向地面一侧眼鼻，用标准滴管（眼药水塑料瓶也可以）各在鸡的眼、鼻孔滴1滴（约0.05毫升），稍停片刻，待疫苗液确已吸入后再将鸡轻轻放回地面。为减少应激，最好在晚上进行。此法适合雏鸡的新城疫Ⅱ系、新城疫Ⅲ系、新城疫Ⅳ系疫苗和传染性支气管炎、传染性喉气管炎等弱毒疫苗的接种。

3. 肌内注射法 按每只鸡0.5～1毫升的剂量将疫苗用生理盐水稀释，用注射器（水剂苗用2号针头，油乳剂苗用9号针头）注射腿、胸或翅膀肌肉内。注射腿部应选在腿外侧无血管处，顺着腿骨方向刺入，防止刺伤血管神经；注射胸部应将针头与胸骨大致平行,防止垂直刺入伤及内脏;2月龄以上的鸡可以注射翅膀肌肉,选翅根肌肉多的地方注射。其深度为雏鸡0.5~1厘米,较大鸡1~2厘米。此法适合鸡新城疫Ⅰ系疫苗、油苗及禽霍乱弱毒苗或灭活疫苗。

4. 皮下注射法 将1 000只鸡剂量的疫苗稀释于200毫升专用稀释液中摇匀后,在鸡颈部背侧皮下注射0.2毫升。注射时应捏起皮肤刺入注射,防止伤及鸡颈部血管、神经。此法适合鸡马立克氏疫苗接种。

5. 刺种法 将1 000只鸡剂量的疫苗用25毫升生理盐水稀释,充分摇匀后,用蘸水笔尖或专用接种针蘸取疫苗,在鸡翅膀内侧无血管处刺种。20日龄内雏鸡刺1针,大鸡刺2针。刺种接种后5~7天可观察刺种部位,若有小肿块或红斑表明免疫成功,否则需要重新刺种。此法适合于鸡新城疫Ⅰ系和鸡痘疫苗的接种。

6. 喷雾免疫法 喷雾前关闭通风孔,将1 000只鸡剂量的疫苗加无菌蒸馏水150~300毫升稀释后,用喷雾器(枪)喷于存养500只鸡的鸡舍空中,通过鸡呼吸进入体内。要求气雾喷射均匀,喷头高于鸡头1.5米,喷雾20分钟后再打开通气孔。免疫后须在饲料中加入抗生素,防止发生气囊炎。此法适合鸡新城疫Ⅱ系、鸡新城疫Ⅲ系、鸡新城疫Ⅳ系疫苗和传染性支气管炎疫苗的接种。

总之,鸡群免疫接种除保证免疫程序合理、疫苗质量合格、首免时间理想、剂量准确、饲养管理合理等条件外,免疫途径至关重要。免疫途径的选择应以能刺激机体产生良好的免疫应答为原则,应该注射的不能改为饮水,皮下注射的最好不肌内注射。

(四)免疫接种失败的原因

鸡群经免疫接种后,未达到预期的保护效果,仍发生相应疫病的现象统称为免疫接种失败。

1. 疫苗方面 首先是疫苗过期以及疫苗制备不合要求,如抗

原含量不足,使用非无特异病原(SPF)动物及其胚或细胞制苗而导致强毒的混入。其次,是运输保管不当造成疫苗的失效。再者,对主要病原诊断不清以及野毒发生变异,出现超强毒株或新血清型,使以前所用的疫苗毒株发挥不了保护作用。

2. 病原方面 对于高度传染的疾病[如鸡新城疫(ND)、高致病力禽流感(AI)等],只要鸡群中有少数保护力低的鸡只,以及强毒株的存在,就很容易造成该病的爆发和流行。而有些病原(如禽流感病毒、传染性支气管炎病毒、大肠杆菌等)具有变异快、亚型或血清型多的特点,它们在环境的选择压力下,经常通过抗原性、致病性和组织亲嗜性等方面的细微变化,摆脱或部分摆脱传统疫苗株的保护作用。另外,类似寄生虫这种结构复杂、抗原成分多,但免疫原性却较弱的病原,仅靠疫苗来控制是远远不够的。

3. 宿主方面 由于群体中每一个体的免疫应答水平不同,所以,再好的疫苗,在群体免疫中也不可能达到100%的保护。正常情况下,只能保证大多数动物的免疫力足以抵抗强毒攻击。群体中这种免疫应答水平的不齐性给了强毒感染以可乘之机,同时也使得后代母源抗体水平不整齐,并影响后代的主动免疫。对雏鸡来讲,免疫系统发育得不完善,特别是高水平母源抗体影响,是造成免疫失败的主要原因之一。另外,患有先天性免疫缺陷的鸡,以及因为营养状况不佳(感染传染性法氏囊病、马立克氏病、)、生理活动高峰期(换羽、产蛋)等因素诱发免疫抑制的鸡群,对疫苗接种很敏感,容易导致某些处于潜伏期或条件性的传染病暴发。因此,免疫接种应该在鸡群健康状态良好时进行。正在发病的鸡群,除了那些已经证明紧急预防接种有效的疫苗(鸡新城疫Ⅰ系)和高免血清 (鸡传染性法氏囊病抗血清)或高免卵黄抗体外,不应进行免疫接种。

4. 人为因素 人为因素一方面是指蛋鸡饲养管理及卫生消毒工作没有抓好,使得环境中病原污染严重,鸡群健康状况不佳;

另一方面是指免疫接种计划在实施过程中出现疏漏环节。例如免疫程序混乱,接种途径选择不当,疫苗稀释差错,接种剂量不准或漏接、错接,以及使用抗生素或消毒剂使疫苗失效,免疫失败。

(五)商品蛋鸡常用的免疫程序

我国幅员辽阔,情况复杂,不可能有一个适合我国不同地区不同类型鸡场的统一的免疫程序,应该因时、因地、因情况而制定适合本场的免疫程序,并经常进行检验和调整。下面提供的蛋鸡免疫程序(表 6-1),仅供实际工作者参考、选择。

表 6-1　商品蛋鸡常用的免疫程序

免疫日龄	疫苗种类	接种方法	预防疾病
1	鸡马立克氏苗	皮下注射	鸡马立克氏病
7～10	鸡新城疫Ⅱ系或Ⅳ系、鸡传染性支气管炎 H_{120}、鸡新城疫油乳剂灭活疫苗	滴鼻、点眼、皮下注射(半剂量)	鸡新城疫、鸡传染性支气管炎
14	鸡传染性法氏囊病弱毒疫苗	饮水、滴鼻、点眼	鸡传染性法氏囊病
33	鸡痘疫苗(疫区用)	刺　种	鸡　痘
35	鸡传染性法氏囊病弱毒疫苗	饮水、滴鼻、点眼	鸡传染性法氏囊病
40	鸡传染性喉气管炎疫苗(仅限于疫区)	点　眼	鸡传染性喉气管炎
55～60	鸡新城疫Ⅳ系及鸡传染性支气管炎 H_{52} 二联疫苗	饮　水	鸡新城疫和鸡传染性支气管炎

续表 6-1

免疫日龄	疫苗种类	接种方法	预防疾病
90	鸡传染性喉气管炎疫苗(疫区用)	点　眼	鸡传染性喉气管炎
110	鸡减蛋综合征油乳剂灭活疫苗	肌内注射	鸡减蛋综合征
140	鸡新城疫、肾型传染性支气管炎灭活二联油乳剂疫苗 + 新城疫Ⅰ系弱毒疫苗	肌内注射	新城疫、肾型传染性支气管炎
280	鸡新城疫Ⅳ系弱毒疫苗	饮水、喷雾	鸡新城疫

四、蛋鸡场废弃物的无公害化处理

防制危害畜禽最严重的传染病,始终是我国畜牧业发展的一项重要环节。但是在我国养殖业生产中,常常只注意应用疫苗免疫预防与药物防治,而对环境的治理重视不够。这与发达国家相比,在认识环境卫生对防制疫病的重要性上还存在一定的差距。

鸡场卫生包括鸡舍卫生和鸡场环境卫生。鸡舍卫生工作包括:清除舍内污物,保持舍内空气清洁,环境整洁;定期进行用具消毒、环境消毒、带鸡消毒。环境卫生指定期打扫鸡舍四周,清除垃圾、撒落的饲料和养殖场废弃物,对养殖场废弃物合理地进行处理,在养殖场开展灭鼠、驱蚊蝇、防鸟等活动。

定期进行舍内外环境的清洁工作,是饲养人员的一项重要的日常工作。据测定,一个饲养 10 万只鸡的工厂化养鸡场,每天产鸡粪便可达 10 吨,年产鸡粪达 3 600 多吨。这些鸡粪若处理不当,则是一个相当大的环境污染源。不仅会破坏周围的生态环境,也会破坏养鸡场自身的生态环境(水、土、气),从而丧失生产无公害鸡蛋的生态环境条件。同时,由于环境污染造成的病原微生物的蓄积、污染,使养殖场的疾病增多、难以控制。

养鸡场废弃物主要包括:①鸡粪和鸡场污水;②生产过程及产品加工废弃物,如死胎、蛋壳、羽毛及内脏等残屑;③鸡的尸体,主要是因疾病而死亡的鸡只;④废弃的垫料;⑤鸡舍及鸡场散发出的有害气体、灰尘及微生物;⑥饲料加工厂排出的粉尘等。鸡场废弃物经无害化处理后,可以作为农业用肥,但不得作为其他动物的饲料。较常用的处理方法有堆积生物热处理法、鸡粪干燥处理法。

(一)鸡粪的无公害化处理

1. 干燥法

(1)直接干燥法　常采用高温快速干燥,又称火力快速干燥,即用高温烘干迅速除去湿鸡粪中水分的处理方法。在干燥的同时,达到杀虫、灭菌、除臭的作用。

(2)发酵干燥法　利用微生物在有氧条件下生长和繁殖,对鸡粪中的有机和无机物质进行降解和转化,产生热能,进行发酵,使鸡粪容易被动植物吸收和利用。由于发酵过程中产生大量热能,使鸡粪升温到60℃~70℃,再加上太阳能的作用,可使鸡粪中的水分迅速蒸发,并杀死虫卵、病菌,除去臭味,达到既发酵又干燥的目的。

(3)组合干燥法　即将发酵干燥法与高温快速干燥法相结合。既能利用前者能耗低的优点,又能利用后者不受气候条件影响的特点。

2. 发酵法　即利用厌氧和好氧菌使鸡粪发酵的处理方法。

(1)厌氧发酵(沼气发酵)　这种方法适用于处理含水量很高

的鸡粪。一般经过两个阶段:第一阶段是由各种产酸菌参与发酵液化过程,即复杂的高分子有机质分解成分子量小的物质,主要是分解成一些低级脂肪酸;第二阶段是在第一阶段的基础上,经沼气细菌的作用变换成沼气。沼气细菌是厌氧细菌,所以在沼气发酵过程中必须在完全密闭的发酵罐中进行,不能有空气进入,沼气发酵所需热量要由外界提供。厌氧发酵产生的沼气可作为居民生活燃料,沼渣还可做肥料。

(2)快速好氧发酵法　利用鸡粪本身含有的大量微生物,如酵母菌、乳酸菌等,或采用专门筛选出来的发酵菌种,进行好氧发酵。通过好氧发酵可改变鸡粪品质,使鸡粪熟化并杀虫、灭菌、除臭。

(二)污水的无公害化处理

除鸡粪以外,蛋鸡场污水对环境的污染也相当严重。因此,污水处理工程应与养鸡场主建筑同时设计、同时施工、同时运行。

蛋鸡场的污水来源主要有 4 条途径:①生活用水;②自然雨水;③饮水器终端排出的水和饮水器中剩余的污水;④洗刷设备及冲洗鸡舍的水。

养鸡场污水处理基本方法和污水处理系统多种多样,有沼气处理法、人工湿地分解法、生态处理系统法等。各场可根据本场具体情况选择应用。下面介绍一种处理法,详见如下流程图(图 6-1)。

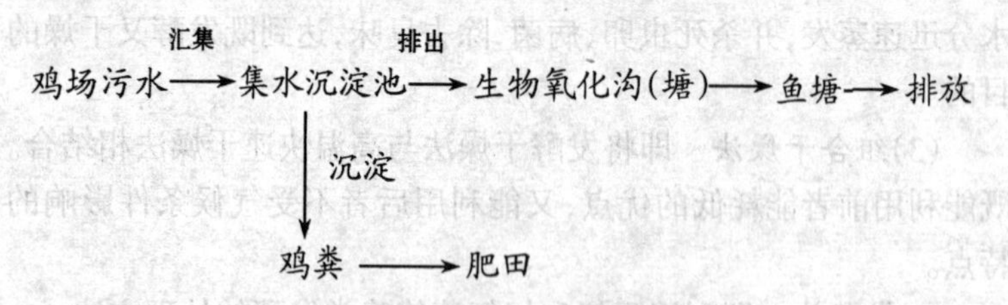

图 6-1　鸡场污水处理流程图

全场的污水经各支道汇集到场外的集水沉淀池，经过沉淀，鸡粪等固形物留在池内，污水排到场外的生物氧化沟（或氧化塘），污水在氧化沟内缓慢流动，其中的有机物逐渐分解。据测算，氧化沟尾部污水的化学耗氧量（COD）可降至200毫克/升左右，这样的水再排入鱼塘，剩余的有机物经进一步矿化作用，为鱼塘中水生植物提供肥源，化学耗氧量可降至100毫克/升以下，符合污水排放标准。

（三）死鸡的处理

在养鸡生产过程中，由于各种原因使鸡死亡的情况时有发生。如果鸡群暴发某种传染病，则死鸡数会成倍增加。这些死鸡若不加处理或处理不当，其病原微生物会污染大气、水源和土壤，造成疾病的传播与蔓延。死鸡的处理可采用以下几种方法。

1. 高温处理法 即将死鸡放入特设的高温锅（490千帕，150℃）内熬煮，也可用普通大锅，经100℃以上的高温熬煮处理，均可达到彻底消毒的目的。对于一些危害人、畜健康，患烈性传染病死亡的鸡，应采取焚烧法处理。

2. 土埋法 这是利用土壤的自净作用使死鸡无害化。采用土埋法，必须遵守卫生防疫要求，即尸坑应远离鸡场、鸡舍、居民点和水源，掩埋深度不小于2米。必要时尸坑内四周应用水泥板等不透水材料砌严，死鸡四周应洒上消毒药剂，尸坑四周最好设栅栏并做上标记。较大的尸坑盖板上还可预留几个孔道，套上硬塑料管，以便不断向坑内扔死鸡。

（四）垫料的处理

蛋鸡在育雏、育成期常在垫料上平养，清除的垫料实际上是鸡粪与垫料的混合物，对这种混合物的处理可采用如下几种方法。

1. 窖贮或堆贮 鸡粪和垫料的混合物可以单独地“青贮”。

为了使发酵作用良好,混合物的含水量应调至40%,否则鸡粪的粘性过大会使操作非常困难。混合物在堆贮的第四天至第八天,堆温达到最高峰(可杀死多种微生物),保持若干天后,逐渐与气温平衡。

2. 直接燃烧 如果鸡粪垫料混合物的含水率在30%以下,就可以直接燃烧,作为燃料来供热,同时满足本场的热能需要。鸡粪垫料混合物的直接燃烧需要专门的燃烧装置。如果养鸡场暴发某种传染病,此时的垫料必须用燃烧法进行处理。

3. 生产沼气 沼气生产的原理与方法请参见鸡粪的处理。用鸡粪作为沼气原料,一般需要加入一定量的植物秸秆,以增加碳源。而用鸡粪垫料混合物作为沼气原料,由于其中已含有较多的垫草,碳氮比例较为合适,作为沼气原料使用起来十分方便。

五、消　毒

消毒是贯彻预防为主方针的重要措施。消毒就是指运用各种方法清除或杀灭饲养环境中(包括动物体表和体表浅体腔)的各类病原体,以减少和控制疾病的发生。

环境消毒的特点是:①不受鸡体影响,可使用大剂量、高效消毒剂;②药价便宜,可节省开支,降低成本;③减少药物残留,一般消毒剂不会造成蛋内药物残留。但带鸡消毒仍需注意消毒剂的危害和残留。根据蛋鸡饲养兽药使用规则,对环境、鸡舍和器具消毒时,不能使用酚类消毒剂,产蛋期禁止使用酚类、醛类消毒剂。

根据消毒的目的不同,可以把消毒分为预防性消毒、应急消毒和终末消毒。预防性消毒是在正常情况下,为了预防蛋鸡传染病的发生所进行的定期消毒。应急消毒是在传染病发生时,为了及时消灭由病鸡排出于外界环境中的病原体而进行的紧急消毒。终末消毒是在传染病扑灭后,为消灭可能残留于疫区内的病原体所进行的全面消毒。

根据消毒的方法不同,可分为机械性消除法、物理消毒法及化学消毒法。

(一)机械性消除法

用机械的方法,如清扫、冲洗、洗擦和通风等手段,以达到清除病原体的目的,是最常用的一种消毒方法,它也是日常卫生工作内容之一。机械清除并不能杀灭病原体,但可使环境中病原体的数量减少。这种方法简单易行,而且使环境清洁、舒适。从病鸡体内排出的病原体,无论是从咳嗽、喷嚏排出的,还是从分泌物、排泄物及其他途径排泄出的,一般都不会单独存在,而是附着于尘土及各种污物上,通过机械消除,环境内的病原体会大量减少。为了达到彻底杀灭病原体的目的,必须把清扫出来的污物及时进行掩埋、焚烧或喷洒消毒药物。

(二)物理消毒法

物理消毒常用的方法有:高温、干燥和紫外线等。

高温是最常用且效果最确实的物理消毒法,它包括巴氏消毒、煮沸消毒、蒸汽消毒、火焰消毒和焚烧等。

煮沸消毒是应用广泛、效果良好的消毒法,多用于物品的消毒。一般细菌在100℃开水中3~5分钟即可被杀死,煮沸2小时以上,可以杀死一切传染病的病原体。如能在水中加入0.5%火碱或1%~2%小苏打,可加速蛋白质、脂肪的溶解脱落,并提高沸点,从而增加消毒效果。

蒸汽具有较强的渗透力,高温的蒸汽透入菌体,使菌体蛋白质变性凝固,微生物因之死亡。饱和蒸汽在100℃时经过5~15分钟,就可以杀死一般芽胞型细菌。蒸汽消毒按压力不同可分为高压蒸汽消毒和流通蒸汽消毒两种。高压蒸汽消毒主要用于实验室玻璃器皿、器械的消毒。

紫外线照射也是养鸡场常用的消毒方法,多用于更衣室和化验室。在紫外线照射下,使病原微生物的核酸和蛋白质发生变性。应用紫外线消毒时,室内必须清洁,最好能先洒水后再打扫,人离开现场,消毒的时间要求在30分钟以上。

火焰消毒法常用于鸡场设备的消毒,如用火焰喷枪消毒笼架。

(三)化学消毒法

化学消毒法是指用化学药物把病原微生物杀死或使其失去活性。能够用于这种目的的化学药物称为消毒剂。理想的消毒剂应对病原微生物的杀灭作用强大,而对人、蛋鸡的毒性很小或无;不损伤被消毒的物品,易溶于水;消毒能力不因有机物存在而减弱,价廉易得。

化学消毒剂包括多种碱类、氧化剂、卤素类、酚类、挥发性烷化剂和表面活性剂等。它们各有特点。消毒剂应选择符合《中华人民共和国兽药典》规定的高效、低毒、低残留消毒剂,在生产中应根据具体情况加以选用。下面介绍几种蛋鸡生产中常用的消毒剂。

1. 碱类 用于消毒的碱类制剂有苛性钠、苛性钾、石灰、草木灰、烧碱等。碱类消毒剂的作用强度取决于碱溶液中氢氧根离子(OH^-)浓度。浓度越高,杀菌力越强。

碱类消毒剂的作用机制是:高浓度的氢氧离子能水解蛋白质和核酸,使细菌酶系统和细胞结构受损害。碱还能抑制细菌的正常代谢功能,分解菌体中的糖类,使菌体死亡,有较强的杀菌作用,对革兰氏阴性菌比阳性菌有效,高浓度碱液也可杀灭芽胞。碱对病毒有强大的杀灭作用,可用于许多病毒性传染病的消毒。

由于碱能腐蚀有机组织,操作时要注意不要用手接触,应佩戴防护眼镜、手套和工作服,如药物不慎溅到皮肤上或眼里,应迅速用大量清水冲洗。

(1)氢氧化钠　也称苛性钠或火碱。是很有效的消毒剂，2%～4%的溶液可杀死病毒和细菌繁殖体，常用于禽舍及用具的消毒。本品对金属物品有腐蚀作用，消毒完毕必须及时用水冲洗干净；对皮肤和粘膜有刺激性，应避免直接接触人、家禽。用氢氧化钠消毒时常将溶液加热，热并不增加氢氧化钠的消毒力，但可增强去污能力，而且热本身就是消毒因素。

(2)石灰　石灰是价廉易得的良好消毒药，使用时应加水使其生成具有杀菌作用的氢氧化钙。石灰的消毒作用不强，1%石灰水在数小时内可杀死普通繁殖型细菌，3%石灰水经1小时可杀死沙门氏菌。

实际工作中，一般用20份石灰加水100份配成20%的石灰乳，涂刷墙壁、地面。或直接加石灰于被消毒的液体中，撒在阴湿地面、粪池周围及污水沟等处进行消毒。消毒粪便可加与粪便等量的20%石灰乳，使之接触至少2小时。石灰必须在有水分的情况下才会游离出氢氧根离子，发挥消毒作用。在禽场与禽舍门口放石灰干粉并不能起消毒鞋底的作用。相反由于人的走动，使石灰粉尘飞扬，当石灰粉吸入家禽呼吸道或溅入眼内后，石灰遇水生成氢氧化钙而腐蚀组织粘膜，结果引起鸡群气喘、甩鼻和红眼病。较为合理的使用方法是在门口放浸透20%石灰乳的湿草包。饲养管理人员进入禽舍时，从草包上走过。石灰可以从空气中吸收二氧化碳，生成碳酸钙，所以不宜久存，石灰乳应现用现配。

2. 氧化剂　氧化剂是使其他物质失去电子而自身得到电子，或供氧而使其他物质氧化的物质。氧化剂可通过氧化反应达到杀菌目的。其原理是：氧化剂直接与菌体或酶蛋白中的氨基、羧基(－COOH)等发生反应而损伤细菌结构，或使病原体酪蛋白中巯基(－SH)氧化而抑制代谢功能，病原体因而死亡。常用的氧化剂类消毒剂有高锰酸钾和过氧乙酸等。

(1)高锰酸钾　高锰酸钾抗菌作用较强，但有机物存在时其作用显著减弱。各种微生物对高锰酸钾的敏感性差异较大,一般来说,0.1%的浓度能杀死多数细菌的繁殖体,2%~5%溶液在24小时内能杀灭芽胞。在酸性溶液中,它的杀菌作用更强。如含1%高锰酸钾和1.1%盐酸的水溶液能在30秒钟内杀灭芽胞。它的主要缺点是易被有机物分解,还原为无杀毒能力的二氧化锰。

(2)过氧乙酸 过氧乙酸的消毒作用主要依靠它的强大氧化能力杀灭病原微生物,对各种细菌繁殖体、芽胞与病毒等都有很强的杀灭效果,较低的浓度就能有效地抑制细菌、真菌繁殖。0.05%的溶液2~5分钟可杀死金黄色葡萄球菌、沙门氏菌、大肠杆菌等一般细菌,1%的溶液10分钟可杀死芽胞。常用消毒剂量是:0.5%水溶液喷洒消毒禽舍、饲槽、车辆等;0.04%~0.2%溶液用于塑料、玻璃、搪瓷和橡胶制品的短时间浸泡消毒;5%溶液每米^{3}2.5毫升喷雾消毒密闭的试验室、无菌间、仓库等;0.3%溶液每立方米空间喷雾需30毫升,可用于10日龄以上的鸡带鸡消毒鸡舍。

3. 卤素类 这类药物不同于其他抗菌药物,它们没有严格的抗菌谱,对微生物与机体间也无明显的选择作用,只存在差异,是一类较能迅速杀灭微生物的药物。其杀灭机制是氧化细菌原浆蛋白中的活性基团,并和蛋白质的氨基结合而使其变性。在低温下它仍有杀菌和杀芽胞的能力。

(1)漂白粉 漂白粉也叫含氯石灰。是次氯酸钙、氯化钙和氢氧化钙的混合物,灰白色固体状,有强烈的氯臭。能部分溶于水,其主要有效成分为氯,一般含25%~30%,暴露在空气中易吸潮分解并放出氯,使药用价值降低。常用浓度1%~20%不等,视消毒现象及药品质量而定。

(2)次氯酸钙 又称漂粉精。白色或灰白色粉末或固体状,溶于水,水溶液呈碱性。含有效氯60%~70%或80%~85%(高效漂粉精),有氯臭。其杀菌、消毒作用比漂白粉大2~3倍,药效较为稳定。本品和漂白粉均有腐蚀性(对金属、织物等),对皮肤有刺激性,水溶液久存易失效,遇易燃、易爆物质可引起爆炸。

4. 酚类消毒剂 酚类消毒以复合酚使用最为广泛,呈酸性反应,具有很浓的来苏儿味,是广谱、中等效力的消毒剂,可杀灭细菌、真菌和病毒,主要用于场地、车辆消毒,用法是喷洒,浓度为0.3%~1%的水溶液。严重污染的环境可以适当加大浓度,增加喷洒次数。本品为有机酸。因此,禁止与碱性药物及其他消毒药物混用。

5. 挥发性烷化剂类 主要是甲醛。甲醛(福尔马林)无论在气态或溶液状态下均能凝固蛋白质、溶解脂类,还能与氨基结合而使蛋白质变性。因此,具有较强大的广谱杀菌作用,对细菌繁殖体、芽胞、真菌和病毒均有效。消毒方法之一是熏蒸消毒,每米^{3}空间用甲醛溶液20毫升加等量水,然后加热使甲醛变为气体熏蒸消毒,室内温度应不低于15℃,相对湿度60%~80%,消毒时间为8~10小时。方法之二是用2%水溶液,用于地面消毒。用量为每100米^{3}13毫升。

6. 表面活性剂

(1)新洁尔灭(溴化苄烷胺) 淡黄色胶状物质,吸湿性极强,有特异臭,味极苦。易溶于水、乙醇,微溶于丙酮,不溶于乙醚。水溶液呈碱性反应,振摇时能产生大量泡沫。水溶液能耐热,可贮存较长的时间而药力不减。其作用机制为:能吸附于细菌的表面,改变细菌细胞壁和细胞膜的通透性,使菌体内的酶、辅酶和代谢中间产物外漏,妨碍细菌的呼吸及糖酵解过程,并使菌体蛋白变性,因而起到杀菌作用。常用于药浴、泼洒或用具消毒。

(2)百毒杀 主要成分为双链季胺盐化合物。百毒杀对各种细菌、病毒、真菌、藻类均有杀灭作用。由于本品对人和鸡无毒,无刺激性和无副作用,使用方法较多,可用于喷雾消毒、饮水消毒等多种消毒方式。

(四)鸡场的卫生消毒要求

1. 进鸡前的消毒 新建鸡场进鸡前,要求舍内干燥后,屋顶、地面用消毒剂消毒1次。饮水器、料桶、其他用具等充分清洗消毒。使用过的鸡场进鸡前,彻底清除一切物品,包括饮水器、料桶、网架和垫料、支架、粪便、羽毛等。彻底清扫鸡舍地面、窗台、屋顶以及每一个角落,然后用高压水枪由上到下,由内向外冲洗。要求无鸡毛、鸡粪和灰尘。待鸡舍干燥后,先用适当浓度的火碱水,从上到下整个鸡舍喷雾消毒1次,或用10%石灰乳消毒剂粉刷墙面,干燥后再用酚类、卤素类喷雾消毒1次。

撤出的设备,如饮水器、料桶、垫网等用消毒液浸泡30分钟,然后用清水冲洗,置阳光下曝晒2~3天,搬入鸡舍。进鸡前6天,封闭门窗,用福尔马林(每米^3 用高锰酸钾21克,福尔马林42毫升)熏蒸24小时(温度20℃~25℃,相对湿度80%)后,通风2天。此后人员进鸡舍,必须换工作服、工作鞋,脚踏消毒液。

2. 日常消毒 消毒池选用2%~3%氢氧化钠溶液。车辆消毒建议使用表面活性剂消毒液如新洁尔灭、百毒杀消毒。

鸡舍门口设脚踏消毒池(长、宽、深分别为0.6米、0.4米、0.08米)或消毒盆,消毒液每周更换1次。工作人员进入鸡舍,必须洗手,脚踏消毒液,穿工作服。洗手消毒剂多用新洁尔灭、过氧乙酸。工作鞋、器械用具多选用0.1%新洁尔灭或0.2%~0.5%过氧乙酸进行消毒。工作服不能穿出鸡舍,饲养期间每周至少清洗消毒1次。

鸡舍周围每2~3周用2%火碱液消毒,场周围及场内污水池、排粪坑、下水道口,每1~2个月用漂白粉消毒1次,鸡舍工作间每天清洗1次。要准确计算单位面积或空间的消毒用药量,每次消毒结束要监测消毒效果。舍内消毒建议使用卤素类和表面活性剂。

3. 带鸡消毒 从4周龄起(一般不低于10天)交替选用0.2%~0.3%的过氧乙酸、0.1%~0.3%的次氯酸钠或0.15%的新洁尔灭,用高压喷雾器定期喷雾消毒。雾粒直径为80~100微米,不可小于50微米。喷雾量按每米^{3}空间约15毫升计算。每次喷雾消毒间隔时间可根据鸡舍内的污染情况及周围疫情而定,鸡舍一般坚持每周带鸡喷雾消毒1次。

带鸡消毒的注意事项如下。

第一,鸡舍每天打扫,及时清除粪便、污物和灰尘,以免降低消毒质量。

第二,带鸡消毒时,喷口不可直射鸡体,药液的浓度和剂量一定要掌握准确。喷雾程度以地面、墙壁、屋顶均匀湿润和鸡体稍湿为宜。

第三,消毒液的温度要适当,高温育雏或寒冷的冬季用自来水直接稀释喷雾,易使鸡体突然受凉感冒。水温应提前加热到室温。

第四,气体喷雾造成鸡舍、鸡体表潮湿,过后要开窗通气,促其尽快干燥。

第五,鸡舍应保持一定的温度,尤其是育雏时的喷雾,要将舍温比平时温度提高3℃,使被喷湿的雏鸡得到适宜的温度,以免雏鸡受冷挤堆压死。

第六,消毒剂要交替使用,每2周换1次。单一消毒剂长期使用,病原杀灭率有所下降。

第七,鸡群接种弱毒疫苗前后1~2天内停止喷雾消毒。

六、药物的使用及药物残留控制方法

在与疾病的抗争中,药物不仅是治疗蛋鸡疾病的重要武器,而且许多药物用于预防鸡病。因此,药物防治成为综合性防治措施的一个重要组成部分。

(一)禽用药物的区分

1. 预防用药 根据鸡场的具体情况,选择添加抗生素、抗球虫类药物,有利于抑制体内病原微生物或寄生虫的繁殖,达到防病之目的。在实际应用中,考虑到雏鸡的抵抗力较弱,抗菌药常作为1~2周龄雏鸡的预防用药。除了预防疾病外,有些药物的促生长效果也较好。可根据鸡场发病的一般规律,预先在饲料中添加抗菌药或抗寄生虫药物进行预防。但为了控制药物残留,避免对人体造成不良影响,要按照无公害食品蛋鸡饲养兽药使用准则规定的预防用药种类和停药期用药。

2. 抗应激用药 应激是动物机体对任何不良条件的刺激所产生的非特异性生理对抗反应。当鸡群处于应激状态时,机体即动用体内一切能力进行对抗。这样机体对某些营养成分的需求急剧增加,尤其是对维生素的需求量增大。此时机体的抵抗力下降,易于诱发疾病。现代大型鸡场的规模化程度很高,发生各种应激的因素相应较多。因此,要尽量防止和减少应激状态的发生。当预防接种、气候突变、饲料变换等引起应激时,要及时补充营养物质,一般添加高于饲养标准1~2倍的维生素和适量的抗菌药物,以使鸡群尽快适应,减轻应激反应。

3. 治疗用药 一旦疾病发生时,须立即采取相应的紧急措施,除了必要的隔离、消毒、淘汰外,还应针对病因,有的放矢地选择抗生素类、磺胺类以及抗寄生虫药物等进行治疗,促进鸡只恢复健康。抗生素药物的选择,必须建立在及时诊断的基础上,在兽医的指导下,通过药物敏感实验,明确高敏药物,同时考虑较少的不良反应。必须注意的是,药物的使用剂量一定要适当,疗程要充足,以求彻底治愈,避免复发。

(二)无公害食品蛋鸡饲养管理规程中关于兽药使用的规定

我国为加强养殖业中药物使用的管理,农牧发[2001]20号发布《饲料药物添加剂使用规范》,规定了饲料药物的商品名称、有效成分、有效含量、适用动物、作用与用途、用法与用量、注意事项。农业部公告第176号《禁止在饲料和动物饮用水中使用的药物品种目录》,规定了包括肾上腺素受体激动剂类、性激素类、蛋白同化激素类、精神药品类、抗生素滤渣类,不能在饲料和饮水中使用。

蛋鸡预防和治疗用药必须选用无公害蛋鸡饲养兽药使用准则中规定的药物。要注意药物产生的不良影响,优先选择药效好、毒性小的药物,治疗用药应在兽医的指导下进行。尤其是育成后期至产蛋期间,在正常情况下,禁止使用任何药物,包括中草药和抗生素。产蛋期间发生疾病必须用药时,应选择无公害食品蛋鸡饲养兽药使用准则中规定的可用药物,在用药及用药结束后的一段期间,所产鸡蛋不得作为食品蛋出售。

无公害食品蛋鸡饲养兽药使用准则对蛋鸡饲养中允许使用于预防、治疗传染性疾病兽药的品种、用量及休药期做了详细的规定(表6-2,表6-3)。

表 6-2　无公害食品蛋鸡饲养中允许使用的预防用药

类别	药品名称	剂型	用法与用量（以有效成分计）	休药期（天）	用　途	注意事项
抗菌药	亚甲基水杨酸杆菌肽	可溶性粉剂	混饮:25 毫克/升（预防量）	0	治疗慢性呼吸道病,提高产蛋率,提高产蛋期饲料效率	每日新配
	杆菌肽锌	预混剂	混饲:4~40 克/吨	7	促生长	16 周龄以下使用
	杆菌肽锌+硫酸粘杆菌素	预混剂	混饲:2~20 克/吨	7	预防革兰氏阳性菌与革兰氏阴性菌感染	
	金霉素（饲料级）	预混剂	混饲:20~50 克/吨	7	促进畜禽生长	10 周龄以内
	硫酸粘杆菌素	可溶性粉剂、预混剂	混饮:20~60 毫克/升 混饲:2~20 克/吨	7	治疗革兰氏阴性菌感染引起的肠道疾病,促生长	避免连用药 1 周以上
	恩拉霉素	预混剂	混饲:1~10 克/吨	7	促进生长	
	黄霉素	预混剂	混饲:5 克/吨	0	促生长	

续表 6-2

类别	药品名称	剂型	用法与用量（以有效成分计）	休药期（天）	用途	注意事项
抗菌药	吉他霉素	预混剂	混饲:5~11 克/吨	7	治疗革兰氏阳性菌感染,支原体感染,促生长	
	那西肽	预混剂	混饲:2.5 克/1 吨	3	促进生长	
	牛至油	预混剂	促生长:1.25~12.5 克/吨 预防:11.25 克/吨	0	治疗大肠杆菌、沙门氏菌所致下痢	
	土霉素钙	粉剂	混饲:10~50 克/吨,10 周龄以下用	5	促生长	添加低钙饲料(含钙量 0.18%~0.55%)时,连续用药不超过 5 天
	酒石酸泰乐菌素	可溶性粉剂	混饮:0.5 克/升,连用3~5天	1	治疗革兰氏阳性菌感染,支原体感染,促生长	
	维吉尼亚霉素	预混剂	混饲:5~20 克/吨	1	治疗革兰氏阳性菌感染,支原体感染,促生长	

续表 6-2

类别	药品名称	剂型	用法与用量（以有效成分计）	休药期（天）	用途	注意事项
抗球虫药	盐酸氨丙啉+乙氧酰胺苯甲酯	预混剂	混饲:125克/吨+8克/吨	3	抗球虫病	
	盐酸氨丙啉+磺胺喹噁啉	可溶性粉剂	混饮:0.5克/升,连用2~4天	7	抗球虫病	
	盐酸氨丙啉+乙氧酰胺苯甲酯+磺胺喹噁啉	预混剂	混饲:100克/吨+5克/吨+60克/吨	7	抗球虫病	
	氯羟吡啶	预混剂	混饲:125克/吨	5	抗球虫病	
	地克珠利	预混剂 溶液	混饲:1克/吨 混饮:0.5~1毫克/升		抗球虫病	
	二硝托胺	预混剂	混饲:125克/吨	3	抗球虫病	
	氢溴酸常山酮	预混剂	混饲:3克/吨	5	抗球虫病	

续表 6-2

类别	药品名称	剂型	用法与用量（以有效成分计）	休药期（天）	用途	注意事项
抗球虫药	拉沙洛西钠	预混剂	混饲:75～125克/吨	3	抗球虫病	
	马杜霉素铵盐	预混剂	混饲:5克/吨	5	抗球虫病	
	莫能菌素钠	预混剂	混饲:90～110克/吨	5	抗球虫病	禁与泰妙菌素、竹桃霉素并用
	甲基盐霉素	预混剂	混饲:6～8克/吨	5	抗球虫病	禁与泰妙菌素、竹桃霉素及其他抗球虫药并用
	甲基盐霉素+尼卡巴嗪	预混剂	混饲:24.8～44.8克/吨+24.8～44.8克/吨	5	抗球虫病	
	尼卡巴嗪	预混剂	混饲:20～50克/吨	4	抗球虫病	
	尼卡巴嗪+乙氧酰胺苯甲酯	预混剂	混饲:125克/吨+8克/吨	9	抗球虫病	
	盐霉素钠	预混剂	混饲:60克/吨	5	抗球虫病及促生长	禁与泰妙菌素、竹桃霉素并用
	赛杜霉素钠	预混剂	混饲:25克/吨	5	抗球虫病	

续表 6-2

类别	药品名称	剂型	用法与用量（以有效成分计）	休药期（天）	用途	注意事项
抗球虫药	磺胺氯吡嗪钠	可溶性粉剂	混饮:0.3 克/升 混饲:600 克/吨饲料,连用 5~10 天	1	抗球虫病、鸡霍乱、伤寒病	不得作为饲料添加剂长期使用,凭兽医处方购买
	磺胺喹噁啉+二甲氧苄氨吡嘧啶	预混剂	混饲:100 克/吨饲料+20 克/吨饲料	10	抗球虫病	凭兽医处方购买

表 6-3 无公害食品蛋鸡饲养中允许使用的治疗药

(须在兽医指导下使用)

类别	药物名称	剂型	用法与用量	休药期	用途	注意事项
抗寄生虫药	盐酸氨丙啉	可溶性粉剂	混饮:240毫克/升水,连用5~10天	1	抗球虫病	饲料中维生素 B_1 含量在10毫克/千克以上时明显拮抗
	盐酸氨丙啉+磺胺喹噁啉钠	可溶性粉剂	混饮:240毫克/升+180毫克/升,连用3天,停2~3天,再用2~3天	7	抗球虫病	
	二硝托胺	预混剂	混饲:125克/吨饲料	3	抗球虫病	
	越霉素A	预混剂	混饲:5~10克/吨饲料,连用8周	3	抗蛔虫病	
	潮霉素B	预混剂	混饲:8~12克/吨饲料,连用8周	3	抗蛔虫病	
	芬苯哒唑	粉剂	口服:10~50毫克/千克体重		抗线虫和绦虫病	
	氟苯咪唑	预混剂	混饲:30克/吨饲料,连用4~7天	14	抗驱除胃肠道线虫及绦虫	

续表 6-3

类别	药物名称	剂型	用法与用量	休药期	用途	注意事项
抗寄生虫药	甲基盐霉素+尼卡巴嗪	预混剂	混饲:(24.8+24.8)克或(44.8+44.8)克/吨饲料	5	抗球虫病	禁与泰妙霉素、竹桃霉素并用,高温季节慎用
	盐酸氯苯胍	片剂 预混剂	口服:10~15毫克/千克体重 混饲:(3~6)克/吨饲料	5	抗球虫病	影响肉质品质
	磺胺喹噁啉钠+二甲氧苄氨嘧啶	预混剂	混饲:(100+20)克/吨饲料	10	抗球虫病	
	磺胺喹噁啉钠	可溶性粉剂	混饮:300~500毫克/升水,连续饮用不超过5天	10	抗球虫病	
	妥曲珠利	溶液	混饮:7毫克/千克体重,连用2天	21	抗球虫病	
抗生素类	硫酸安普霉素	可溶性粉剂	混饮:0.25~0.5克/升,连饮5天	7	治疗大肠杆菌、沙门氏菌及部分支原体感染	
	亚甲基水杨酸杆菌肽	可溶性粉剂	混饮:50~100毫克/升,连用5~7天	0	治疗慢性呼吸道病,提高产蛋量,提高产蛋期饲料效率	每日新配

续表 6-3

类别	药物名称	剂型	用法与用量	休药期	用途	注意事项
抗生素类	甲磺酸达氟沙星	溶液	混饮:20~50毫克/升,1次/天,连用3天		抗细菌与支原体感染	
	盐酸二氟沙星	粉剂、溶液	内服:5~10毫克/千克体重,2次/天,连用3~5天		抗细菌与支原体感染	
	恩诺沙星	粉剂、溶液	混饮:25~75毫克/千克,连用3~5天	2	抗细菌性疾病与支原体感染	避免与四环素、氯霉素、大环内酯类合用,避免与含铁、镁、铝药物或全价配合饲料同服
	硫酸红霉素	可溶性粉剂	混饮:125毫克/千克,连用3~5天	3	抗革兰氏阳性菌与支原体感染	
	氟苯尼考	粉剂	内服:20~30毫克/千克体重,连用3~5天	30	抗敏感细菌所致细菌性疾病	
	氟甲喹	可溶性粉剂	内服:3~6毫克/千克体重,2次/天,连用3~4天,首次量加倍		抗革兰氏阴性菌与支原体感染,促生长	

续表 6-3

类别	药物名称	剂型	用法与用量	休药期	用途	注意事项
抗生素类	吉他霉素	预混剂	混饲:100~300克/吨,连用5~7天	7	治疗革兰氏阳性菌与支原体感染,促生长	
	酒石酸吉他霉素	可溶性粉剂	混饮:250~500毫克/升,连用3~5天	7	治疗革兰氏阳性菌与支原体感染,促生长	
	硫酸新霉素	可溶性粉剂、预混剂	混饮:50~75毫克/升,连用3~5天 混饲:77~154克/吨饲料,连用3~5天	5	治疗革兰氏阴性菌所致胃肠炎	
	牛至油	预混剂	混饲:22.5克/吨饲料,连用7天	0	治疗大肠杆菌、沙门氏菌所致下痢	
	盐酸土霉素	可溶性粉剂	混饮:60~260毫克/升,连用7~14天	5	治疗鸡霍乱、白痢、肠炎、球虫、鸡伤寒	
	土霉素	可溶性粉剂	混饮:60~250毫克/升	1	抗革兰氏阳性菌和阴性菌	
	维吉尼亚霉素	预混剂	混饲:20克/吨饲料	0	抗菌,促生长	
	盐酸沙拉沙星	可溶性粉剂	混饮:20~50毫克/千克体重,连用3~5天		抗细菌及支原体感染	

续表 6-3

类别	药物名称	剂型	用法与用量	休药期	用途	注意事项
抗生素类	磺胺喹噁啉钠+甲氧苄氨嘧啶	预混剂	混饲:25~30毫克/千克体重,连用10天	1	抗大肠杆菌、沙门氏菌感染	
		混悬液	混饮:(80+16)~(160+12)毫克/升水,连用5~7天			
	复方磺胺嘧啶	预混剂	混饲:0.17~0.2克/千克体重,连用10天	1	抗革兰氏阳性菌及阴性菌	
	复方磺胺氯达嗪钠(磺胺氯达嗪钠+甲氧苄氨嘧啶)	粉剂	内服:2毫克/千克体重,连用3~6天	6	抗大肠杆菌和巴氏杆菌感染	
	磺胺喹噁啉钠+甲氧苄氨嘧啶	预混剂	混饲:25~30毫克/千克体重,连用10天	1	抗大肠杆菌、沙门氏菌	
		混悬剂	混饮:(80+16)毫克/升水,连用5~7天			
	延胡索酸泰妙菌素	可溶性粉剂	混饮:125~250毫克/升水,连用3天	7	治疗慢性呼吸道病	禁止与莫能霉素、盐霉素等多聚醚类抗生素混用
	酒石酸泰乐菌素	可溶性粉剂	混饮:500毫克/升,连用3~5天	1	治疗革兰氏阳性菌与支原体感染	

（三）预防、治疗用药的原则

1. 正确地选择药物 每种药物抗病原体的性能不同。因此，用药必须有所选择，尤其是当某种疫病同时有几种药物可供选择时。在选择用药时，应从以下几方面来考虑。

(1)使用效果 为了使用药效果达到最佳的状态，在使用药物之前或使用药物过程中，应进行药敏试验，以选出最敏感的药物用于预防、治疗。

(2)有效剂量 一般来说，药物剂量越大作用越强，但有一定的限度，剂量增大到一定程度，药物的作用可以从量变到质变，引起畜禽中毒，甚至死亡。因此，在使用药物防治疫病时，应严格按照标准规定药物的有效剂量使用，从而起到药物预防、治疗的作用。

(3)药物的性质 有些药物是水溶性的，有些药物是脂溶性的，有些药物则呈混悬液状的。有些药物只能在肠道中起作用，不能进入血液中，而有些药物则可以进入血液中，分布到全身各处发挥作用。有些药物在短期内大量使用才有效，有些药物则需每天使用且长期坚持才有效。因此，在使用药物预防时，应根据各种药物的性质不同进行合理选择。

(4)药物的联用 两种或两种以上的药物合并应用时，可以产生相互影响，即合并应用后作用增加或增强称为协同作用，作用抵消或变弱的称为拮抗作用。因此，必须了解药物合并应用的效果，注意配伍禁忌的问题，合理选择联用的药物。

(5)药物的价格 为了提高企业利润，降低生产成本，应当尽可能地选用价廉质优、方便实用的药物进行疫病预防。

除抗寄生虫和抗菌药以外的其他药物，使用很少，必要时可在兽医的指导下选择使用，对症下药。治疗用药应凭兽医处方购买，在兽医的指导下使用。

2. 使用合适的给药途径 蛋鸡饲养以群养为主,预防重于治疗。因此,少用片剂和注射剂型,多用预混剂型或可溶性粉剂,以方便使用。

(1)混水给药 即将药物加入饮水中,让鸡只通过饮水获得药物。在混水给药时,药物必须能溶于水,药物的浓度要准确。要有充足的饮水槽或饮水器,以保证每只鸡在规定的时间内都能喝到足够量的水。饮水槽或饮水器必须清洁干净,饮水必须清洁卫生,不得含有对药物质量有影响的物质。饮水前要停水一定时间,夏天1~2小时,冬天3~4小时,让鸡产生渴感。加入药物的饮水必须在规定的时间内饮完,否则会影响药效。

(2)混饲给药 即将药物加入饲料中,让鸡只通过采食获得药物。在混饲给药时,药物浓度要准确,药物与饲料必须混合均匀,饲料中不得含有对药效有影响的物质,饲槽必须清洁干净,加入药物的饲料要在规定的时间内喂完。

3. 注意鸡体的性别、年龄、体重和体质状况的差异 一般来说,母鸡比公鸡对药物的敏感性较强,幼龄鸡比成年鸡对药物的敏感性高,用药时应酌情减少用量;体重大的鸡只比体重小的对药物的耐受性强,可根据体重给药;体质状况强的鸡只较体质弱的对药物的耐受性强,对体质弱的鸡只应适当减少用药量。

根据蛋鸡的特点,用药主要在育雏期和育成期,分为治疗用药和预防用药。产蛋期用药容易导致鸡蛋中药物残留超标,绝大多数药物都禁止在产蛋期间使用。由于产蛋期间可用药物较少,如遇个别或少量严重生病蛋鸡,若治疗成本超过其本身价值,则应放弃治疗,将病鸡淘汰。产蛋期只允许使用上述附表中列出的产蛋期允许使用的药物,且要严格遵守弃蛋期规定,弃蛋期所产鸡蛋不得供人类使用。凡未规定休药期的药物应遵守休药期不少于7天的规定。

(四) 滥用药物的危害

1. 药物的毒副作用 众所周知,动物性食品中的药物残留对人体健康产生不利的影响,主要表现为变态反应、细菌耐药性、致畸作用、致突变作用和致癌作用,以及激素样作用等多方面。

(1)急性中毒 一些违禁药物本身对人体的组织器官具有毒性作用,若一次摄入残留物的量过大,会出现急性中毒反应。当然,急性中毒的事件发生相对来说是很少的,药物残留的危害绝大多数是通过长期接触或逐渐蓄积而造成的。

(2)变态反应(过敏反应) 一些抗菌药物如磺胺类药物、青霉素、四环素、金霉素及某些氨基糖苷类抗生素能使部分人群发生变态反应。变态反应症状多种多样,轻者表现为荨麻疹、发热、关节肿痛及蜂窝织炎等,严重时可出现过敏性休克,甚至危及生命。当这些抗菌药物残留于鸡蛋食品中进入人体后,就使部分敏感人群致敏。当这些被致敏的个体再接触这些抗生素或用这些抗生素治疗时,就会发生变态反应,可能危及生命。

(3)"三致"作用 即致癌、致畸、致突变作用。药物及环境中的化学药品可引起基因突变或染色体畸变而造成对人类的潜在危害。当人们长期食用含有三致作用药物残留的鸡蛋时,这些残留物便会对人体产生有害作用,或在人体中蓄积,最终产生致癌、致畸、致突变作用。近年来人群中肿瘤发生率不断升高,人们认为与环境污染及动物性食品中药物残留有关。如硝基呋喃类、砷制剂等都已被证明具有致癌作用,许多国家都已禁止这些药物用于食品动物。我国无公害食品生产也禁止使用。

(4)对胃肠道菌群的影响 人的正常机体内寄生着大量菌群,如果长期与动物性食品中低剂量的抗菌药物残留接触,就会抑制或杀灭敏感菌,耐药菌或条件性致病菌大量繁殖,微生物平衡遭到破坏,使机体易发感染性疾病,而且由于细菌耐药而难以治疗。

2. 细菌耐药性增加 近些年来，由于抗菌药物的广泛使用，细菌耐药性不断加强，而且很多细菌已由单一耐药发展到多重耐药。饲料中添加抗菌药物，实际上等于持续低剂量用药。动物机体长期与药物接触，造成耐药菌不断增多，耐药性也不断增强。抗菌药物残留于动物性食品中，同样使人也长期与药物接触，导致人体内耐药菌的增加。如今，不管是在动物体内，还是在人体内，细菌的耐药性已经达到了较严重的程度。另外，人们很关注的动物病原菌的耐药基因是否会传递给人类病原菌的问题，现已得到证实。人与人之间，动物与动物之间均存在耐药基因的传递问题。因此，应尽量少使用人、兽共用的抗生素，如青霉素、链霉素等。

3. 对临床用药的影响

(1)*给临床诊治疾病带来困难* 长期接触某种抗生素，可使机体免疫功能下降，以致引发各种病变，引起疑难病症，或用药时产生不明原因的毒副作用，给临床诊治带来困难。

(2)*医疗费用不断增加，养殖利润下降* 在蛋鸡养殖中，发生感染性疾病时，必须不断加大治疗用药剂量才有效。不但增加了饲养成本，更由于病程延长，影响了蛋鸡的生产性能，使养殖利润下降，甚至血本无归。

(3)*给新药开发带来压力* 由于药物滥用，细菌产生耐药性的速度不断加快，耐药能力也不断加强。这使得抗菌药物的使用寿命也逐渐变短。要求不断开发新的品种以克服细菌的耐药性。细菌的耐药性产生越快，临床对新药的要求也越快。然而要开发出一种新药并非易事。以往，制药公司凭偶然发现新的抗生素，但现在寻找到新的抗生素越来越困难，新抗菌药开发的速度减慢，而细菌的耐药性不断加快，这是一种危险的倾向。

4. 兽药残留与环境 动物用药以后，药物以原形或代谢产物的形式随粪、尿等排出体外，残留于环境中。绝大多数兽药排入环境后，仍然具有活性，会对土壤微生物、水生生物及昆虫等造成影响。

(五)药物残留控制方法

1. 科学用药 即适时应用无休药期的药物,改变终身用药的方法为阶段适时用药,选用与人类用药无交叉抗药性的禽类专用药物,不随意加大药物用量。

2. 切实执行休药期标准 这是控制兽药残留的重要措施。休药期随药物的种类、制剂的形式、用药的剂量、给药的途径等不同而有差异,一般约为几小时、几天到几周,这与药物在动物体内的消除率和残留量有关。禁止食用在弃蛋期内生产的鸡蛋。

3. 研制和推广使用抗生素替代品,减少抗生素和合成药的使用 目前已开发的抗生素替代品为益生素(微生态制剂)、低聚糖、酶制剂、酸化剂和中草药添加剂。尤其是益生素和中草药添加剂,目前已在动物疾病的预防和治疗上广泛使用。

4. 严禁使用禁用药物 严格执法,加强兽药、饲料的监管力度。要完善各级监控体系,严格管理和监测,对氯羟吡啶、氯霉素等明令禁止使用的药物进行重点监管。完善具体残留数据标准和违规的相应处罚手段的制定工作,加大对有关禁用药物的生产、销售行为的打击力度,依法追究法律责任,真正有效地控制兽药残留。

七、蛋鸡的主要疾病

(一)主要病毒病

1. 鸡新城疫(ND) 鸡新城疫也称亚洲鸡瘟或伪鸡瘟,是一种由病毒引起的高度接触性、烈性传染病,常呈急性败血症经过。主要特征是呼吸困难,便稀,有神经症状,粘膜和浆膜出血。传染很快,病死率很高(可高达 80% 以上),是目前对发展养鸡业危害很大的疫病之一。

到目前为止,对鸡新城疫尚无有效的治疗办法,主要以预防为主,采取综合防治措施。杜绝病原体侵入鸡群。严格采取防疫卫生措施,防止禽、鸟、犬、猫及鼠等动物进入鸡舍,避免一切可能带进病原的因素。

重视抗体检测,有条件的鸡场应定期抽样检查鸡群 HI 抗体水平(无条件的鸡场可委托有关单位测定),以便及时了解鸡群的抗体升降情况,可以采取相应的措施,为制定合理的免疫程序提供依据。

关键在于搞好免疫接种,其中免疫程序是很重要的因素。我国幅员辽阔,情况复杂,不可能有一个适合我国不同地区不同类型鸡场的统一的免疫程序,应该因时、因地、因情况而制定适合本场的免疫程序,并经常进行检验和调整。下面提供的免疫程序,仅供实际工作者参考、选择。

非疫区(或安全鸡场)的鸡群可参考如下免疫程序:10~14 日龄用鸡新城疫 Ⅳ 系或克隆-30 弱毒疫苗首免,25~30 日龄二免,50~60 日龄用鸡新城疫 Ⅰ 系疫苗注射,120~140 日龄用鸡新城疫油乳剂灭活疫苗注射。

疫区的鸡群可参考如下免疫程序:4~7 日龄用鸡新城疫 Ⅳ 系或克隆-30 弱毒疫苗首免,17~21 日龄二免,35 日龄三免,同时皮下注射半剂量鸡新城疫油乳剂灭活疫苗,60~70 日龄用鸡新城疫 Ⅰ 系弱毒疫苗注射,120~140 日龄用鸡新城疫油乳剂灭活疫苗注射。

另外,为使蛋鸡在整个产蛋期间绝对安全,最好在 120~140 日龄用鸡新城疫灭活疫苗后,每隔 2~3 个月再用鸡新城疫 Ⅳ 系或克隆-30 弱毒苗疫免疫激活 1 次。

鸡群发生鸡新城疫或疑似新城疫,应对病鸡舍严加封锁,对可疑病鸡立即进行确诊;对病死鸡进行深埋或烧毁;严禁病鸡和污染鸡肉出售。迅速对鸡群用2～3倍量鸡新城疫Ⅰ系或鸡新城疫Ⅳ系疫苗进行紧急接种。对鸡舍、饲槽、饮水器、用具、栖架及环境进行扫除和消毒。垃圾、粪便、垫草、吃后剩料等清除、堆积发酵或深埋或烧掉。

2. 马立克氏病(MD) 马立克氏病是由疱疹病毒引起鸡的一种高度接触传染性的肿瘤性疾病。特征是：神经型表现腿、翅麻痹，内脏型可见于各内脏器官、性腺、肌肉、虹膜等部位形成肿瘤。其发病率和病死率可达10%～80%，同时还能造成蛋鸡的废弃率增高及种鸡产蛋量下降等损失。

防治本病主要抓住疫苗接种和预防雏鸡早期感染。

(1)疫苗接种

血清Ⅰ型疫苗 系马立克氏病强毒株经鸡肾细胞多次传代后致弱，但仍保留其免疫原性，系细胞结合性疫苗，需－196℃低温液氮保存。

血清Ⅱ型疫苗 为马立克氏病的自然弱毒株，具有高度的免疫原性，可抵御马立克氏病强毒的感染，系细胞结合性疫苗，需－196℃低温液氮保存。

血清Ⅲ型疫苗 为一株火鸡疱疹病毒(HVT)，能抵御马立克氏病病毒肿瘤的发生，主要起干扰作用，属脱离细胞型疫苗，可以冻干，是目前国内外使用最广泛的疫苗。

多价疫苗 是含以上3种血清型中的2种或3种疫苗病毒的联苗，它比只含1种血清型的单价疫苗更能有效地抵御各种不同的马立克氏病强毒。经血清Ⅲ型疫苗接种无效的鸡群，用多价苗可获得良好的效果。

不论何种疫苗，使用时应注意：①1日龄接种，疫苗稀释后仍要放在冰箱内，并要在24小时内用完；②疫苗接种要有足够的剂量，血清Ⅲ型疫苗的效价是以蚀斑(PFU)数来计算的，我国目前的标准计量蚀斑为2 000 PFU/只。但实际上厂家出厂剂量一般在

3 000 PFU/只以上，国外使用火鸡疱疹病毒疫苗的剂量已高达4 000~5 000PFU/只。因此，我们认为若使用国产的血清Ⅲ型疫苗，每只雏鸡注射2只份，即4 000 PFU以上，其效果是可靠的。

(2)防止雏鸡早期感染　防止早期感染，是因为雏鸡的日龄越小，对马立克氏病毒的易感性越大，即使正确有效地接种疫苗，最早需要7天后才能产生足够的免疫力。为此，要做到种蛋入孵前对其进行消毒，并注意孵化箱和孵化室的消毒。对育雏室及其笼具应彻底消毒，雏鸡在严格隔离的条件下饲养，不同日龄的鸡不能混群饲养。

3. 鸡传染性法氏囊病(IBD)　鸡传染性法氏囊病是一种主要危害雏鸡的免疫抑制性、高度接触传染性疫病。本病的特点是发病率高，病程短，但影响大，可诱发多种疫病或使多种疫苗免疫失败。

本病分布很广，世界各地均有发生，被认为是与鸡新城疫、马立克氏病并列的危害养鸡业的三大传染病。本病所造成的巨大经济损失，一方面是鸡只死亡、淘汰率增加，影响增重等所造成的直接损失；另一方面是因为免疫抑制作用，使接种了多种有效疫苗的鸡免疫应答反应下降，或无免疫应答。由于免疫功能下降，患病鸡对多种病原的易感性增加。

本病尚无有效的治疗方法，免疫接种是预防本病的主要方法。

(1)疫苗　法氏囊病疫苗分为弱毒苗和油乳剂灭活苗两类。弱毒苗中的病毒虽然都是无致病性的弱毒，毒力也有高、中、低之分。高毒力苗突破母源抗体的能力强，但对法氏囊损伤重，18日龄之前不宜使用，之后也须慎用；低毒力苗对法氏囊损伤轻，但突破母源抗体的能力弱。目前，我国大多数地区活苗使用中等毒力苗。油乳剂灭活苗多用于种鸡免疫。

(2)最佳免疫日龄的确定　确定活疫苗首次免疫的日龄是最重要的。首次接种应于母源抗体降至较低水平时进行，这样才能使疫苗少受母源抗体的干扰。但又不能过迟接种，否则法氏囊病强毒会感染无母源抗体的雏鸡，从而失去免疫接种的意义。测定雏鸡抗法氏囊病母源抗体的简易方法是琼脂扩散法。具体做法如下：按总雏鸡数的0.5%的比例采血，分离血清，并按测定的结果制定活疫苗的首免最佳日龄。鸡群1日龄测定，阳性率不到80%的在10～17日龄间首免；阳性率达80%～100%的鸡群，在7～10日龄再次采血测定，此次阳性率低于50%时，在14～18日龄首免；阳性率如果超过50%，应在17～24日龄接种。

(3)免疫程序　1日龄雏鸡来自没有经过鸡传染性法氏囊病灭活苗免疫种母鸡的，一般多在10～14日龄进行首免，二免应在首免后的2～3周进行。1日龄雏鸡来自注射过鸡传染性法氏囊病灭活苗种母鸡的，首免可根据琼脂扩散测定的结果而定，一般多在20～24日龄间首免，2～3周后进行第二次免疫。接种灭活苗的日龄同上。

(4)免疫方法　活疫苗采用饮水免疫；油乳剂灭活苗的免疫方法是在颈部背侧皮下或胸部肌内注射。

为预防鸡法氏囊病，仅使用疫苗是不够的，还必须采取严格的卫生消毒措施。首先，要注意对环境的消毒，以防鸡传染性法氏囊病强毒的早期感染；其次，要严格门卫制度，严防通过饲养员、饲料、饮水等将鸡传染性法氏囊病强毒带入鸡舍。

4. 禽流感　禽流感是A型禽流感病毒所引起的禽类的全身性或呼吸道性传染病。鸡、火鸡、鸭、鹌鹑等家禽及野鸟、水禽、海鸟等均可感染。发病情况从急性败血性死亡到无症状带毒等多种多样，主要取决于宿主和病毒两方面。

鸡的流感是病死率很高的一种传染病，也称鸡瘟。为了与新城疫区别，本病又有“真性鸡瘟”和“欧洲鸡瘟”之称。本病在世界许多国家都曾流行过，造成了巨大的经济损失。

本病病原易于发生变异及各血清型毒株间缺乏交叉免疫性。

因此，应用疫苗进行预防，目前尚有一定困难。根据以往的防治经验，本病在某些国家的局部地区虽仍有发生，但由于采取严格的防治措施均得到了很好的控制。所以，在怀疑本病发生时，应尽快确诊，报告有关部门，果断采取严格的隔离及淘汰等综合防治措施。

5. 传染性支气管炎（IB） 鸡传染性支气管炎是由传染性支气管炎病毒（IBV）引起的一种急性、高度接触性呼吸道传染病。特征是雏鸡以咳嗽、喷嚏、流鼻涕等呼吸道症状为主，产蛋鸡发病时出现一过性轻微的呼吸道症状之后，产蛋量急剧下降或停产，并出现变形异常蛋。

传染性支气管炎病毒的某些毒株对肾脏有亲嗜性，侵入鸡体后除引起一定的呼吸道症状外，主要使肾脏发生严重病变。病死率高。这种病型称为传染性支气管炎的肾变病型。大多发生于雏鸡，尤其是肉用仔鸡。

防治传染性支气管炎的主要措施应包括两个方面：一是改善饲养管理和兽医卫生条件，减少应激因素对鸡群的影响，如冬、春寒冷季节的保暖、合理通风、适宜的密度、提供优质全价的饲料及清洁卫生的饮水等；二是施行免疫接种，增强鸡体的特异性免疫力。

(1)疫苗 本病疫苗分为弱毒苗和油乳剂灭活苗两类。鸡传染性支气管炎病毒弱毒苗（H_{120}和H_{52}）可以单独使用，鸡传染性支气管炎病毒灭活苗单独使用效力很弱，与弱毒苗一起使用则可使免疫效果显著增强。在本病已经基本控制的地区，单独使用弱毒苗即可，在本病高发地区有必要加用灭活苗。

(2)免疫程序

①预防产蛋期传染性支气管炎

10～14日龄：H_{120}弱毒疫苗点眼或滴鼻（也可用带新城疫Ⅳ系二联苗）；

40日龄前后：H_{52}弱毒疫苗点眼、滴鼻，或每100只雏鸡用

200～300只份疫苗饮水。

110～120日龄：H_{52}弱毒疫苗点眼、滴鼻(可与接种新城疫等疫苗同时进行)，或每100只鸡用200～400只份疫苗饮水。在本病高发地区，同时肌内注射鸡传染性支气管炎病毒油乳剂灭活苗。

②预防育雏早期与产蛋期鸡传染性支气管炎

1～2日龄：H_{120}弱毒疫苗点眼、滴鼻。

40日龄前后：H_{52}弱毒疫苗点眼、滴鼻，或每100只雏鸡用200～300只份疫苗饮水。

110～120日龄：H_{52}弱毒疫苗点眼、滴鼻(可与接种新城疫等疫苗同时进行)，或每100羽鸡用200～400羽份疫苗饮水。在本病高发地区，同时肌内注射鸡传染性支气管炎病毒油乳剂灭活苗。

6. 鸡传染性喉气管炎(ILT) 鸡传染性喉气管炎是由鸡传染性喉气管炎病毒(ILTV)引起的一种急性、接触性传染病。该病的特征是呼吸困难、气喘、咳嗽，并咳出血样的分泌物，喉头和气管粘膜上皮肿胀，甚至粘膜糜烂、坏死和大面积出血。

本病无特效药物防治。防治本病应从以下措施入手。

(1)卫生管理 传染性喉气管炎病毒在自然条件下，毒力易减弱，所以只要做好一般的卫生管理，尤其能进行隔离饲养，即可防治本病。本病不能经卵传递感染，病毒也不能随风传播。所以，鸡舍间的距离如能保持数米以上也可防治本病的传播。做好日常的防疫工作，不从疫区进鸡、进料，鸡群一旦感染本病，对幸存的鸡应采取全进全出的措施，以免幸存鸡带毒散播病原。

(2)疫苗接种 由于本病尚无低毒安全可靠的疫苗，所以一般不要轻易使用本病活疫苗。但在本病流行或受威胁的地区，应尽快用疫苗接种。本病的疫苗有两类：一类为强毒苗，仅在疫区就地生产使用，接种方法是用小刷子或棉签涂搽泄殖腔的粘膜，注意切勿接触口、鼻、眼睛；另一类为弱毒苗，接种方法限于点眼或滴鼻，不许采用饮水或气雾免疫。在疫苗接种时，为防止慢性呼吸道病和其他细菌的合并感染,可在预防接种的同时使用抗生素,效果良好。

7. 鸡痘(FP) 鸡痘是由鸡痘病毒引起的鸡的一种高度接触性传染病,分为皮肤型、白喉型和混合型。皮肤型鸡痘以皮肤(尤以头部皮肤为明显)的痘疹、结痂、脱落为特征;白喉型鸡痘则引起口腔和咽喉粘膜的纤维蛋白性、坏死性炎症,常形成假膜;两型混合发生时称为混合型。

对本病的预防应着重做好平时的卫生防疫工作,杜绝传染源。一旦发现本病,应隔离病鸡;重病鸡或死亡鸡应烧毁或深埋,做无害化处理。还要特别注意驱除蚊子等吸血昆虫,防止灰尘或粪便飞散,定期认真消毒等。

目前尚无特效的治疗药物,防制本病最有效的方法是接种鸡痘疫苗。常用的是鸡痘鹌鹑化弱毒疫苗。其使用方法为:6~20日龄的雏鸡,将疫苗200倍稀释,用消毒过的钢笔尖或注射针头蘸取疫苗于翅内侧无血管皮肤处刺种;20~30日龄的仔鸡,用100倍稀释的疫苗,刺种1下;30日龄以上的鸡,刺种2下。刺种后14天产生免疫力。雏鸡的免疫期为2个月,大鸡为5个月。经3~4天后抽样检查,局部出现红肿、结痂,即可获得免疫力。若不出现反应,则应重复接种。

8. 鸡产蛋下降综合征 鸡产蛋下降综合征是由禽腺病毒引起的一种无明显症状,仅表现产蛋母鸡产蛋量明显下降的疾病。本病于1976年首先由荷兰学者发现,又称为鸡产蛋下降综合征-76,英文名字的简写为EDS-76。

在本病的流行或受威胁地区对120日龄左右的种鸡或商品蛋鸡接种鸡产蛋下降综合征油乳灭活疫苗,有可靠的预防效果。

在本病安全或发病率低的地区,应进行血清学普查,淘汰阳性鸡群,防止本病的蔓延,以净化本病。

(二)主要细菌及真菌性传染病

1. 禽霍乱(FC) 禽霍乱也称禽巴氏杆菌病、禽出血性败血病。是由多杀性巴氏杆菌引起的家禽和野禽的一种分布广泛的传染病。通常呈败血症过程和剧烈腹泻,死亡率高,危害严重。

多杀性巴氏杆菌有时被视为条件病原菌,即在宿主动物受到各种应激,如长途运输、营养不良、寒冷潮湿、通风不良等,机体抵抗力下降,潜伏的细菌可能大量入侵组织、迅速繁殖而诱发本病。

本病见于各个季节,但以春、秋两季流行较多。

(1)卫生预防 主要是做好平时的饲养管理工作,使鸡体保持较强的抵抗力。同时要注意搞好隔离消毒工作,防止病原菌传入。

(2)药物防治 对受到本病威胁或可疑发生本病的鸡群应及时合理地使用抗菌药物进行防治。常用药物有甲磺酸达氟沙星、盐酸土霉素、硫酸新霉素等。为避免巴氏杆菌产生抗药性,剂量要合理,至少连续使用1个疗程(3~5天),选择几种药物交替使用,最好进行药敏试验筛选出有效的治疗药物。

(3)免疫接种 禽霍乱菌苗分为弱毒苗和灭活苗两类。弱毒苗因选用菌株不同,有多种产品。灭活苗也因原料不同有组织苗、油乳剂苗、蜂胶苗等多种。用法用量应遵循瓶签说明,注意弱毒苗注射前3天至注射后7天不能对鸡群使用抗菌药物。由于本病病原血清型比较多,一种商品苗在当地使用效果如何,取决于血清型"对号"程度,可能效果比较好,也可能不够理想。因此,要因地制宜,选择使用。

2. 鸡白痢(PD) 鸡白痢是由鸡白痢沙门氏菌引起的鸡和火鸡等禽类的传染病。主要侵害雏鸡,常呈急性败血性经过,以白痢为主要症状。在成年鸡多呈慢性经过或无症状感染。

(1)流行特点 本病主要发生于鸡,一般3周龄内雏鸡多见发病,发病率和病死率都很高。随着日龄的增加,鸡的抵抗力也增强。但有时病程也会延续到3周龄之后，饲养管理不良、鸡的体质较弱时，3周龄之后也能出现一些新的病雏。成年鸡呈慢性或隐性经过或为带菌者，成为最危险的传染源。公鸡的发病率低于母鸡。

本病的传染途径主要有以下三方面。

①经蛋传播　种鸡患慢性白痢或隐性带菌的，其所产种蛋平均有30%左右带菌。这些种蛋入孵后，有的在孵化后期胚胎死亡，有的孵出衰弱垂死的雏鸡，也有不少能孵化看上去正常的雏鸡。这些雏鸡多数在7日龄之内发生白痢，少数可能延迟到十几日龄发病。

②孵化器内感染　带菌种蛋孵化到出雏时，破开的蛋壳、雏鸡脐孔污物及胎粪等都含有大量的白痢病菌，带有这些病菌的胎绒在出雏器内飞扬浮游，被健康雏鸡吸入呼吸道，可引起肺型鸡白痢，多在5~6日龄发生。此外，鸡白痢病菌虽然无鞭毛，不能运动，但其个体比蛋壳上的气孔小，如存在于蛋壳表面，在照蛋、落盘时，蛋温降低，蛋内形成负压，也能将其吸入蛋内，引起胚胎感染。

③同群感染　病鸡和带菌鸡的排泄物含有大量病菌，污染饲料、饮水、垫草等，经消化道传染给其他鸡，潜伏期一般4~5天。

本病的发病率和病死率还与育雏舍的温度高低、通风、卫生、密度、采食或饮水、饲料品质、长途运输等有密切的关系。

(2)防治措施

①种鸡群的净化　种鸡群进行净化十分重要，彻底的检疫是净化工作的关键。一年一度的种鸡检查方法不能彻底清除带菌鸡。从阳性鸡群中检出抗体的规律来看，40~70日龄中间，每间隔10日检查1次，可以达到完全清除带菌鸡的目的。

②种蛋消毒　鸡白痢沙门氏菌附着在卵壳的表面，向卵内侵入。因此，种蛋消毒可切断种蛋传染条件。

③切断其他传播途径　鸡粪要及时清除并集中处理；鸡舍及

附属设备要洗净、消毒；要杜绝生物类传递感染因素，除虫、灭鼠、防鸟等措施要加强；限制外人进入，饲养员衣履要实行更换、消毒制度；运送雏和卵的用具，要专用化，并经常彻底消毒。

④药物性治疗和预防　鸡白痢菌对抗菌药物有很高的感受性。预防时可选用硫酸粘杆菌素、牛至油等。治疗时用盐酸环丙沙星，按50毫克/千克体重饮水，连喂3~5天；也可选用新霉素、吉他霉素、磺胺喹嗯啉钠+甲氧苄氨嘧啶进行治疗。

3. 鸡大肠杆菌病　鸡大肠杆菌病是由某些血清型的致病性大肠埃希氏菌引起的一种人类与动物共患的多型性传染病，引起鸡急性败血症、脐炎、气囊炎、全眼球炎、肉芽肿、肝周炎、关节炎、输卵管炎、蛋黄腹膜炎等，分别发生于鸡的胚胎期至产蛋期，这些疾病有一定的内在联系。

(1)流行特点　各种日龄的鸡都能发生本病，但以4月龄以下易感性最高。本病可以单独感染，但更多的是继发感染，常与沙门氏菌病、巴氏杆菌病、禽霍乱、腹水综合征、传染性支气管炎、法氏囊病、新城疫等并发或继发感染。

本病的传染途径有3种：①母源性种蛋带菌，垂直传递给下一代雏鸡；②种蛋本来不带菌，但蛋壳上所沾的粪便等污物带菌，在种蛋保存期和孵化期侵入蛋的内部；③接触传染，大肠杆菌从消化道、呼吸道、肛门及皮肤创伤等门户都能侵入，饲料、饮水、垫草、空气等是主要传播媒介。

本病的发生无季节性，但以秋后到第二年春天，天气寒冷、气温变化剧烈最容易发生。另外，大肠杆菌属条件性致病菌，恶劣的外界环境条件和各种应激因素都能促使本病的发生和流行，如鸡群密集、空气污浊、过冷过热、营养不良、饮水不洁、慢性病感染等，都是重要的诱因。

(2)预防措施　①改善饲养管理，排除诱因，如密集饲养、换气保温不良等；②搞好环境卫生，防止鸡舍内饲具、饲料和饮水的污染；③本病可引起垂直传播，因此要注意种鸡的健康和种蛋的消毒；④并发和继发感染是本病的一个特点，如霉形体病净化的鸡群可减少由大肠杆菌引起的呼吸道感染和败血症；⑤本菌对热抵抗力弱，60℃ 30分钟即可杀死，对酸性消毒药的抵抗力也比较弱，可利用热和酸性消毒药进行消毒；⑥导致本病的大肠杆菌的血清型较多，各地区各鸡场流行的血清型差异又较大。因此，在使用目前的灭活菌苗时，应选择与当地分离到的血清型相同的菌苗进行免疫预防。

(3)药物治疗　由于一些鸡场平时经常使用抗菌药物，致使大肠杆菌的致病菌株对这些抗菌药物常有不同程度的耐药性。因此，在使用药物前，应先分离病原后做药敏试验，以筛选出最敏感的药物。常用药物有新霉素、硫酸安普霉素、牛至油、磺胺喹噁啉钠+甲氧苄氨嘧啶等。

4. 鸡传染性鼻炎(IC)　鸡传染性鼻炎是由鸡副嗜血杆菌引起的以鼻、眶下窦和气管上部的上呼吸道卡他性炎症为特征的急性或亚急性传染病。主要危害是阻碍生长，增加淘汰率以及产蛋量减少。

(1)流行特点　本病主要发生于鸡，各日龄的鸡都能发生，但多见于青年鸡和比较年轻的产蛋鸡。不同品种的鸡易感性无差别。发病率高，但病死率一般不超过20%。

本病的传染源主要是康复后的带菌鸡、隐性感染鸡和慢性病鸡。这些鸡咳出的飞沫以及鼻、眼分泌物均散布病原菌，主要经呼吸道感染，也能通过饲料、饮水经消化道感染。麻雀等野鸟能带菌传播。

本病在秋、冬、春季发病较多，鸡群密集、通风不良、营养不足、寄生虫侵袭及其他疾病如鸡痘、传染性支气管炎、败血性霉形体病等混合感染等因素能加重病情，提高病死率。

(2)防治措施

①管理与卫生　本病不垂直传播，病原体在外界极易死亡，如不留下带菌者则不难预防本病的侵入。因此，采用“全进全出”，饲养批次之间的彻底清洁消毒与空舍是防制本病的一个可靠措施。同时，要严格执行人员、用具、车辆的卫生管理制度；对病鸡尸体要做无害化处理；要保证鸡舍内的适宜温度，保持鸡舍内通风良好，鸡群密度适宜；饲喂营养全面充足。

②药物防治　多种抗生素和磺胺类药物都有良好的治疗效果。给药的方法有滴鼻、饮水、拌料和注射等，也可以将几种方法和药物配合使用。鸡副嗜血杆菌对药物容易产生抗药性，最好进行药物敏感试验，选用敏感药物进行治疗。常用的抗菌药物有盐酸土霉素、酒石酸吉他霉素、复方磺胺嘧啶等。

③免疫接种　在本病流行地区可用鸡传染性鼻炎油乳剂灭活菌苗进行人工免疫。免疫方法有两种：一种是健康鸡群的免疫接种，即对25～40日龄雏鸡和120日龄育成鸡分别肌内注射，能有效地控制本病的发生和流行；另一种是紧急接种，即当发现鸡群感染本病时，在服药的同时，立即接种传染性鼻炎油乳剂灭活菌苗，能有效地控制本病的流行。在鸡群已感染的情况下，接种疫苗有时能激发传染性鼻炎的发生，但与不接种疫苗的鸡群比较，即使发病也较轻微，鸡群的恢复也比较快，损失较小。在施行免疫接种时，要注意所用菌苗的血清型一定要与引起发病的菌型相同。

5. 鸡慢性呼吸道病(CRD)　鸡慢性呼吸道病是由鸡败血霉形体引起的一种接触性、慢性呼吸道传染病，简称“慢呼”。特征是呼吸啰音，咳嗽，流鼻液，眼部眶下窦肿胀，发病经过缓慢，病程长。

(1)流行特点　本病主要发生于鸡和火鸡，各种龄期的鸡和火鸡均可感染，尤以雏禽易感，4～8周龄的鸡最易暴发本病。本病一年四季均可发生，冬末春初尤为严重。鸡群暴发本病时，几乎全部感染或大部分感染，病死率为10%～30%，如有并发、继发病或某些应激因素存在，可达40%～60%。成年鸡感染本病，虽然死亡率不很高，但可使产蛋率降低10%～40%，种蛋孵化率降低10%～20%，健雏率降低10%。

本病的主要传染源是病鸡、隐性感染的鸡。本病的传播方式有两种，即水平传播和垂直传播。种鸡发过病的，即使症状早已消失，只要血清学检查呈阳性，公鸡精液中和母鸡输卵管中就都含有病原体，能经种蛋传递给下一代雏鸡。水平传播主要是同群鸡相互接触，经呼吸道感染，也能通过饲料、饮水由消化道感染。病鸡症状消失后仍长期排出病原体，健康鸡与这些鸡接触很容易被传染。

侵入鸡体的霉形体，可长时期存在于上呼吸道而不引起发病，当某种诱因使鸡的体质变弱时，即大量繁殖引起发病。诱发因素主要是病毒和细菌感染、寄生虫病、长途运输、鸡群拥挤、卫生与通风不良、维生素缺乏、天气骤冷、突然变换饲料及接种疫苗等。

(2)防治措施

①预防　合理的饲养管理和减少或避免各种应激因素，是控制本病的主要环节。按不同品种、年龄分若干群饲养；防止受凉，避免温度忽高忽低；鸡群不宜过大，防止拥挤；保持通风良好；注意饲料配合，防止缺乏维生素和矿物质；避免和消除降低鸡体抵抗力的各种不良因素；经常注意鸡舍的清洁卫生和消毒工作；预防传染病和寄生虫病的发生。

种鸡场应该是无鸡慢性呼吸道病的鸡群，才能保证生产鸡群没有这种病。本病的人工免疫，只要菌苗质量可靠，免疫效果还是比较好的，可基本控制发病，个别发病的症状也比较轻微。弱毒苗，给1日龄、3日龄和20日龄雏鸡点眼免疫，无不良反应，免疫期为7个月。用灭活苗对1～2月龄母鸡肌内注射，在开产前(15～16周龄)再注射1次。

②药物治疗　病的早期，选用一些对霉形体有抑制和杀灭作

用的抗生素，会有一定的治疗效果。常用的药物有酒石酸泰乐菌素、恩诺沙星、盐酸二氟沙星、氟甲喹等。需要注意的是不同治疗药物的疗效可能有差异。因此，要因时因地选用。药物可单独使用，也可联合或交替使用。另外，本病常与其他疾病并发，应注意综合防治。在用药期间，必须配合饲养管理和环境卫生的改善，消除引起发病的不良因素，方能取得较好的效果。

（三）主要寄生虫病

1. 鸡球虫病 鸡球虫病是由艾美耳属的各种球虫，主要是寄生于小肠前部上皮细胞内的球虫，引起患鸡伴有肠炎、消瘦、贫血、产蛋量降低和腹泻、便中混有血液为主的一种原虫病。

(1)流行特点 各种品种的鸡均有易感性，但发病轻重各异。10日龄以下的雏鸡由于有母源抗体的免疫保护，很少发生球虫病，本病一般多发生于15~50日龄的雏鸡。成年鸡的抵抗力强，多呈带虫者。

病鸡及带虫鸡是本病的传染源，苍蝇、甲虫、蟑螂、鼠类和野鸟都可成为机械性传播媒介。凡被病鸡和带虫鸡的粪便或其他动物污染过的饲料、饮水、土壤或用具等，都可能有卵囊存在，易感鸡吃了大量被污染物中的卵囊就会暴发球虫病。

发病季节主要是温暖多雨的春、夏季，秋季较少，冬季很少。环境条件和饲养管理对球虫病的发生影响很大，如卫生条件恶劣、垫料潮湿、饲养密度过大、饥饿且饲料中缺乏维生素等，最易暴发本病，且蔓延迅速。

(2)防治措施 在集约化养鸡情况下，往往从雏鸡开始就给予药物预防。但各种抗球虫药在使用一定时间之后，都会引起虫体的抗药性。因此，要经常引入新药或定期更换药物，以克服耐药性。可根据蛋鸡饲用兽药使用准则，选择用药。预防可用盐酸氨丙啉+乙氧酰胺、二硝托胺、马杜霉素铵盐、尼卡巴嗪等，治疗可用盐酸氨丙啉、盐酸氯苯胍、磺胺氯苯嗯啉钠等。

为了做好鸡球虫病的防治工作，除上述药物预防外，还应采取以下措施：①应当把雏鸡与成年鸡分群饲养，育雏过程中将雏鸡也分成若干个小群分隔饲养，便于及早发现病鸡，也便于治疗和预防；②加强饲养管理，保证全价饲料的供应，特别要注意补充维生素A；③鸡舍要保持干燥、清洁、通风，光照、温度要适宜，切忌潮湿，避免密度过大而拥挤。要注意鸡舍和鸡群的环境卫生，每2~3天清扫粪便1次，防止粪便污染饲料和饮水。

2. 鸡住白细胞原虫病 鸡住白细胞原虫病是由住白细胞原虫寄生于鸡的红细胞和单核细胞引起的贫血性疾病。其特征是突然发病，贫血，肝脾肿大，急性病鸡很快死亡。

(1)流行特点 本病对各种年龄的鸡都可造成危害，尤其是3~6周龄的雏鸡发病率最为严重，病死率可达50%~80%。中雏也会严重发病，病死率可达10%~30%。成年鸡发病较轻，病死率一般为5%~10%。前一年感染发病耐过的鸡有抵抗力，一般不表现临床症状，不发生死亡。

本病的流行与库蠓和蚋的活动密切相关。当气温在20℃以上时，库蠓繁殖快，活动力强，本病的流行也随之严重起来。

(2)症状 病鸡精神沉郁，采食减少，两翅下垂，两腿轻瘫，口中流涎，呼吸困难，粪便呈绿色，贫血，冠髯苍白。部分病鸡脚爪有出血斑。严重病例咯血或口中流出鲜血，此为特征性症状。

(3)病理变化 主要表现在皮下、肌肉和内脏器官出血或有灰白色、粟粒大的小结节。肾、肝、胸肌、腿肌有明显的出血斑或出血点，其中以肾脏出血最为严重，有的肾脏大部分或全部被血块覆盖，而肾脏本身颜色变淡。腺胃、肌胃、肠管内也见有出血和积血，肝脏肿大2~3倍。

(4)诊断要点 根据发病季节、症状和病变可做出初步诊断。确诊本病必须采取病鸡的血液、脏器涂片及肌肉白色结节压片，用姬姆萨氏染液染色,在显微镜下找到不同发育阶段的虫体(裂殖体和配子体)即可确诊。

(5)防治措施　消灭传播媒介库蠓和蚋是防治本病的重要环节。在本病流行季节,鸡舍可装配纱门窗,鸡舍内及其周围环境可用杀虫药如除虫菊酯类等定时喷洒,搞好鸡舍内外的卫生,发现病鸡应隔离或淘汰。流行地区的鸡群在每年发病季节到来之前,可用药物预防。常用的药物有:磺胺喹噁啉+二甲氧苄氨嘧啶、磺胺氯吡嗪钠等。

(四)主要营养代谢性疾病

1. 维生素缺乏症

(1)维生素A缺乏症　轻度缺乏维生素A,鸡的生长、产蛋、种蛋孵化率及抗病力受到一定的影响,但往往不被察觉,使养鸡生产在不知不觉中受到损失。比较严重的缺乏维生素A,才出现明显的、典型的症状:精神倦怠,发育不良,逐渐消瘦,羽毛脏乱,嘴角黄色变淡,趾爪蜷曲,步态不稳,眼皮肿胀,眼内流出一种水样或牛奶样液体,长时间可见眼皮内蓄积黄豆大的干酪样物质。

剖检时,维生素A缺乏症的特征性病变为鼻道、口腔、咽、食管以至嗉囊的粘膜表面生成一种白色的小结节,数量很多,大小不一,有时融合连片,成为假膜。随病情的发展,粘膜上可形成溃疡,似鸡痘,但很易剥落。肾脏呈灰白色且肿大,肾小管和输尿管有尿酸盐沉积。重病鸡的心包、肝脏和脾脏的表面均有白色尿酸盐沉积。

发生本病时,可于每千克饲料中添加鱼肝油15毫升,或维生素A含量不低于15 000单位,连用10~15天。眼部病变可用3%硼酸溶液冲洗,每日1次,效果良好。比较严重的病例可皮下注射精制鱼肝油1~2毫升,或肌内注射维生素A注射剂2 500~5 000单位。也可用多维素等补充。此外,在日常饲养管理中应注意饲料配合,日粮中应补充富含维生素A和胡萝卜素的饲料,如鱼肝油、胡萝卜、三叶草、玉米、菠菜、南瓜、苜蓿和各种牧草等。

(2)维生素D缺乏症　鸡的维生素D缺乏症,主要见于笼养鸡和雏鸡。它们晒不到太阳,如果饲料中维生素D的添加量又不足,肝脏中的贮量消耗到一定程度后,即出现缺乏症状。雏鸡饲料缺乏维生素D,最早的在10~11日龄即出现症状,大多在1月龄前后出现症状。病雏食欲尚好而发育不良,两腿无力,步态不稳,腿骨变脆易折断,喙和趾变软易弯曲。肋骨也变软,椎骨(上半段肋骨向后斜)与胸肋(下半段肋骨向前斜)交接处肿大,触之有一排5个小球的感觉。这些情况实际上是由于钙和磷吸收利用不良而引起的,也称为佝偻病。成年鸡缺乏维生素D,表现蛋壳变薄,产蛋减少和种蛋的孵化率降低。

通过病史调查发现有引起维生素D缺乏的原因,结合临床表现,一般不难做出诊断。必要时可做血钙血磷的测定,也有助于本病的诊断。

本病的治疗需补充维生素D,可于每千克饲料中添加鱼肝油10~20毫升,同时每50千克饲料所添加的多维素增至25克,持续一段时间,一般2~4周,至病鸡恢复正常健康为止。对于病重的可逐只肌注维生素D_3,每千克体重用10 000~15 000单位,也可注射维丁胶性钙1毫克,每日1次,连用2天,可收到良好效果。

(3)维生素B缺乏症

①维生素B_1缺乏症　维生素B_1即硫胺素,其功用主要是保证碳水化合物的正常代谢。雏鸡对维生素B_1的缺乏十分敏感,多在2周内发病。主要表现食欲减退、体重减轻、生长不良、羽毛松乱、步态不稳、贫血,外周神经麻痹或出现痉挛是其主要特征。开始时是趾的屈肌发生麻痹,然后向上蔓延到腿、翅、颈的伸肌,使之发生痉挛。头向背后极度弯曲,出现“观星”姿势。有的鸡甚至瘫痪,倒地不起。成年鸡的症状与雏鸡相似,只是发生得比较缓慢,

鸡冠常呈蓝紫色。剖检病死鸡，可见皮肤广泛水肿，肾上腺肥大，胃肠壁严重萎缩，心脏萎缩，生殖器官萎缩，以公鸡的睾丸较明显。

通过对饲料的分析，结合临床症状和病理变化，可做出初步诊断；如辅以维生素 B_1 治疗典型病例，根据治愈与否进行确诊。

对病鸡可用硫胺素治疗，每千克饲料加 10～20 毫克，连用 1～2 周；重病鸡肌内注射，雏鸡每次 1 毫克，成年鸡 5 毫克，每日 1～2 次，连续数日。饲料中适当提高复合维生素和糠麸比例。除少数严重病鸡外，大多数经治疗可以康复。

②维生素 B_2 缺乏症　本病主要见于雏鸡，常由单纯喂谷粒引起。配合饲料中不加复合维生素也能引起本病，但比单纯喂谷粒要轻得多。雏鸡维生素 B_2 缺乏症一般发生在 2 周龄至 1 月龄。病鸡消瘦，羽毛粗乱，绒毛很少，有的腹泻。具有特征性的症状是足趾向内蜷曲，中趾尤为明显，两腿不能站立，以飞节着地，当勉强以飞节行走移动时，常展翅以维持身体平衡。食欲正常，但行走困难，吃不到食物，最后衰弱死亡或被其他鸡踩死。剖检病死鸡，可见坐骨神经和臂神经显著肿大、变软，胃肠壁很薄，肠内有多量泡沫状内容物，肝脏较大而柔软，含脂肪较多。

通过对饲料的分析，结合临床症状和病理变化，可做出初步诊断；如辅以维生素 B_2 治疗典型病例，根据治愈与否进行确诊。

对病鸡可用核黄素治疗，5 毫克的小片剂，每千克饲料加 4 片，连用 1～2 周，同时适当增加多维素用量。这样的治疗可以防止继续出现病鸡，轻病鸡也可治愈，但不能站立的重病鸡很少能恢复。

2. 钙、磷缺乏症

(1)钙缺乏症　鸡缺钙的原因，除饲料含钙不足外，就是维生素 D 缺乏或饲料中含磷过多，影响钙的吸收利用。通常饲料中钙的含量和钙、磷比例只能大体上符合鸡的需要，略有不当在所难免，维生素 D 起着十分重要的调节作用。

雏鸡和青年鸡缺钙，生长迟缓，骨骼发育不良，质脆易折断，或变软易弯曲，严重时两腿变形外展，站立不稳，胸廓也变形，形成佝偻病。产蛋鸡缺钙时，产蛋减少，蛋壳变薄，严重时产软壳或无壳蛋。

在病鸡日粮中增加骨粉、鱼粉用量，调整钙、磷比例，补充维生素 D_3 或鱼肝油，多晒太阳等，可收到较好效果。雏鸡和青年鸡要求饲料含钙0.9%左右，只要配合饲料中含优质鱼粉5%～7%，骨粉1.5%～1.8%，贝壳粉0.5%，就大体上符合要求。从18周龄起，应增加2%的贝壳粉，使钙在体内稍有贮备。20周龄之后进入产蛋期，依产蛋率高低，要求饲料含钙3%～3.5%，只要配合饲料中含骨粉1.5%，贝壳粉6.5%，也大体上符合要求。38周龄之后，以及天气炎热时，鸡对钙的吸收率降低，可将贝壳粉增加到7%，或另用食槽放一些黄豆大的贝壳颗粒，让鸡自由啄食。对雏鸡必要时酌用鱼肝油。让鸡多晒晒太阳，症状即可很快减轻和消失。雏鸡骨骼已经明显变形的较难恢复，需考虑淘汰。

(2)磷缺乏症　鸡缺磷的原因主要是饲料中有效磷含量不足；此外，饲料中钙与磷的比例不当，维生素D含量不足都会影响磷的吸收利用，引起磷缺乏症。

鸡缺磷时表现厌食，倦怠。雏鸡缺磷时生长迟缓，骨骼发育不良，严重时像缺钙一样发生骨软症和佝偻病；成年鸡缺磷时产蛋减少。

磷缺乏的防治，主要根据鸡体的需要调整饲料中有效磷的含量，同时注意饲料中钙与磷的比例以及维生素D的含量。对雏鸡可酌用鱼肝油，让其多晒晒太阳，症状可很快消失。

3. 痛风　造成痛风的原因很多，最常见的有：①饲料中蛋白质含量过高(超过30%以上)，或者在正常的配合饲料之外，又喂给较多的肉渣、鱼粉、动物的内脏、黄豆粉、豌豆粉等；②鸡在18周龄以下，如果喂产蛋鸡的饲料，含钙达3%～3.5%，一般经50～

60天即发生痛风；③饲料中维生素A不足，会促使痛风发生；④磺胺类药物用量过大或用药期过长，会损害肾脏，引起痛风；⑤鸡患传染性支气管炎、传染性法氏囊病、传染性肾炎、沙门氏菌病、大肠杆菌病、艾美耳球虫病等，都可诱发痛风。

由于尿酸盐在体内沉积的部位不同，可以分为内脏型痛风和关节型痛风，以内脏型多见，少数为关节型，有时两型混合发生。内脏型痛风病鸡起初无明显症状，逐渐表现精神委靡，食欲不振，消瘦，贫血，鸡冠萎缩苍白，粪便含大量白色尿酸盐，呈淀粉糊样，肛门松弛，粪便经常不自主地流出，污染肛门下部的羽毛，有时皮肤瘙痒，自啄羽毛。关节型痛风病鸡的腿、足和翅膀的关节腔内沉积了尿酸盐，使关节肿胀疼痛，活动困难。

内脏型痛风病鸡剖检可见尿酸盐在腹腔内沉积，胸腹膜、肠系膜、心、肺、肝、脾、肠、肾等器官表面存在大量白色絮状或粉末状沉积物。肛门充血，肾脏肿大，外观呈白色花斑样，输尿管扩张变粗，管腔内充满石灰样尿酸盐沉淀物。关节型痛风病鸡可见关节腔内含有白色粘状液体，有些骨关节面溃疡及关节囊坏死，严重者尿酸盐沉积。

一般根据病理剖检即可做出初步诊断。如进一步诊断，可采用肾脏病理切片，用尿酸盐特殊染色法染色，镜检时可见肾小管内有被染成蓝黑色的尿酸盐晶体。

为防止痛风的发生，应合理搭配饲料中的蛋白质含量，特别是动物性蛋白质含量不可过多，如肉粉、鱼粉等，通常饲料中蛋白质含量在15%~20%即可。保证饲料中维生素A、维生素D的需要量。饲料中钙、磷比例要合适。避免一切可能引起肾炎和尿酸盐沉积的传染病和中毒病，供给充足的饮水，避免滥用药物，尤其对磺胺类药物使用更要慎重。有可能时多喂些青绿饲料。

鸡群发生痛风后，必须找出原因，加以消除，在此基础上进行治疗。可用口服补液盐、肾肿解毒药或肾肿灵、肾宝等药物饮水，每天使用8~12小时，有助于尿酸盐的溶解和排泄。也可用别嘌呤醇等药物来抑制尿酸的形成。在治疗的同时，要适当增加饲料中多维素的用量，供给充足的饮水，有条件的喂一些青饲料，鸡群可以很快停止发病死亡。

（五）其他疾病

1. 啄癖 啄癖是鸡群的一种异常行为，常见的有啄肛癖、啄趾癖、啄羽癖、食蛋癖和异食癖等，危害严重的是啄羽癖。

（1）临床症状

①啄肛癖 这种恶癖多见于雏鸡和产蛋鸡。患鸡肛门周围常粘满稀粪，甚至堵塞肛门，病鸡不断出现努责，引起其他鸡追逐啄食它的肛门，造成肛门损伤，出血。初产母鸡多由于产蛋过大，将肛门周围皮肤撑破，引起其他鸡只的啄食。有时甚至将直肠、盲肠等整段肠管啄食掉，在肛门处形成一个空洞。此外，患输卵管炎的病鸡，由于泄殖腔和输卵管脱垂到肛门外，也引起啄肛。

②啄趾癖 多发生于雏鸡或青年鸡。由于喂料不及时或饲料缺乏，致使鸡因为寻找食物而误啄脚趾，造成脚趾出血或跛行。

③啄羽癖 多发生于产蛋鸡，特别是高产的蛋鸡。因饲料中缺乏硫、钙、维生素 B_1 等，或因体表有螨、虱等寄生虫寄生，为了止痒，患鸡常啄咬自己的皮肤和羽毛，发展起来便引起鸡自食羽毛或相互啄食羽毛。病鸡表现消化不良，羽毛无光，机体消瘦等。

④食蛋癖 常见于产蛋高峰期的母鸡，多与产软壳蛋、薄壳蛋或无壳蛋并发。多数由于饲料中钙或蛋白质不足所引起，有时母鸡将自己产出的蛋啄食掉。

⑤异食癖 多见于青年鸡和成年鸡，表现鸡反常地啄食在正常情况下不食或少食的异物，如石子、沙砾、垫料、水泥、石灰、碎砖或粪便等。

(2)防治措施

第一,断喙。断喙是最确实预防啄癖的方法。可采用两次断喙法。即7~9日龄进行首次断喙,70日龄再修喙1次。

第二,供应全价平衡饲料,满足鸡对各种必需氨基酸、维生素和矿物质的需要。

第三,加强饲养管理。定时供料、供水,间隔时间不可过长;饲养密度要适宜,不可过大;鸡舍通风良好,照明要适度,夏季避免强烈的阳光直射鸡舍。

第四,及时治疗有关疾病。如皮肤外伤及脱肛的,应及时隔离治疗,痊愈后方可放回原笼内;患鸡白痢及输卵管炎的病鸡,及时使用抗生素治疗;患体表寄生虫的,可选用溴氰菊酯等无公害药剂进行喷雾治疗,个别发生的可使用虱螨净涂搽患部。

第五,发现被啄伤的鸡只以及啄其他鸡的"凶手"鸡,一起及时挑出,隔离饲养。伤口涂抹紫药水等,可有效地防止再次被啄。

2. 笼养蛋鸡疲劳征 笼养蛋鸡疲劳征是现代蛋鸡最主要的骨骼疾病。主要症状是产蛋后站立困难,身体保持垂直位置,不能控制自己的两腿,常常侧卧,严重时导致瘫痪或骨折。产蛋量、蛋壳质量通常并不降低。解剖时,腿骨、翼骨和胸椎可见骨折。胸骨常变形,在胸骨和椎骨的结合部位,肋骨特征性地向内弯曲。病鸡精神良好,病死率很低。

研究认为,本病主要与笼养鸡所处的特定环境有关,同一笼子里养的产蛋鸡越少发病率就越低。也有人认为,饲养中的钙、磷、维生素 D_3 不足,尤其是磷不足时,易导致本病的发生。

本病尚无特效治疗的办法。由于笼养蛋鸡疲劳征多发于产蛋高峰期,预防病的重点应放在产蛋前期和高峰期,在饲料中有足够的钙和维生素 D_3,可利用磷宜保持在0.45%。笼内养鸡数不可过多,为产蛋鸡提供足够的笼底面积。

第七章　蛋的贮运、营销的无公害化管理

一、蛋的构造

鸡蛋呈卵圆形，纵切面为一头稍尖一头稍钝的椭圆形，横切面为圆形。横径与长径之比称为蛋形指数。鸡蛋的蛋形指数为71%～76%。商品蛋中破蛋、裂纹蛋的多少与蛋形指数有一定关系。蛋形指数越小，越不耐压而易破裂。蛋的纵轴向较横轴向耐压，所以在装箱时，应直立存放，以免在运输中震动和挤压而破裂。蛋的大小因品种、年龄、营养状况等条件的不同而异。蛋主要由蛋壳、蛋白和蛋黄三部分组成。

(一)蛋　壳

蛋壳是蛋的最外层，厚度一般为0.2～0.4毫米，质地坚硬，主要成分是碳酸钙。壳上密布气孔，细菌及真菌可以经气孔进入蛋内。壳外有1层胶质薄膜，其作用是抵挡外界细菌的侵入以及阻止蛋内水分的蒸发，这层保护膜常因潮湿、水洗等被溶解掉。蛋壳内表面有2层薄膜，内层叫蛋白膜，包在蛋白的外面；外层叫蛋壳膜，紧贴着蛋壳。

新产的蛋，蛋壳内表面两层膜紧密结合在一起，但随着蛋的冷却、收缩和空气进入，在蛋的大头两层膜之间彼此分离形成一个空隙，叫做气室。随着蛋保藏时间的延长，气室逐渐增大。因此，气室的大小是蛋新鲜度的重要指标。

(二) 蛋　白

蛋白又叫蛋清。是无色透明的胶体粘稠液状物。蛋白的组成分3层:内层为系带蛋白,是由极浓稠蛋白物质构成的索状物,用以固定蛋黄的位置;中层为浓稠蛋白,呈浓胶状,分布在紧靠蛋黄的周围,富含溶菌酶;外层为稀薄蛋白,呈水样状态,分布在浓稠蛋白外围。

新鲜蛋的浓稠蛋白约占蛋白总量的55%,富含溶菌酶,自身具有抑制和杀灭侵入的微生物的作用。随着蛋存放时间的延长,或受外界较高气温等因素的影响,溶菌酶也逐渐减少,以至完全消失,蛋便失去了抑菌和杀菌的能力。此时侵入蛋内的微生物便可生长繁殖,使蛋发生腐败变质。浓稠蛋白在存放过程中逐渐变稀,在高温和微生物的作用下,加快了浓稠蛋白变稀的速度。实际上,浓稠蛋白变稀的过程,就是鲜蛋失去自身抵抗力和开始陈化及变质的过程。因此,浓稠蛋白的多少也是衡量蛋新鲜程度的标志之一。稀薄蛋白约占蛋白总量的45%,呈水样胶体,不含溶菌酶。当蛋存放较久或环境温度较高时,浓稠蛋白减少而稀薄蛋白增加,这是蛋变陈的标志。

(三) 蛋　黄

蛋黄是由蛋黄膜、蛋黄液和胚胎(胚盘或胚珠)组成。蛋黄膜介于蛋白和蛋黄之间,为一层透明而韧性很强的薄膜,包在蛋黄表面,起着保护蛋黄和胚胎的作用;随着贮存时间的延长,蛋黄膜的韧性降低,逐渐松弛甚至破裂而出现散黄现象;如果因微生物侵入,在细菌酶的作用下使蛋白质分解和蛋黄膜破裂,则形成散黄蛋。因此,蛋黄膜韧性的大小和完整与否,也是蛋新鲜度的标志之一。蛋黄液是一种显黄色的半透明胶状液。胚胎为一直径2~4毫米的白色斑点,位于蛋黄表面,受精的白斑点呈圆形(胚盘),未受精的则呈椭圆形(胚珠);受精蛋在较高温度中保存时,因胚胎发育而使蛋的品质降低。

二、蛋的收购和贮运的卫生监督

鲜蛋具有鲜活的特点,它不停地进行着生理活动,必然会受到周围环境因素的影响,其中温度和湿度的影响最明显。在较高的气温和潮湿的环境中,不但鲜蛋本身会发生生物化学性质的变化,使蛋的质量降低,而且有利于微生物的生长繁殖,导致蛋发生腐败变质,完全失去其营养价值。此外,蛋易于吸收周围环境的异味,蛋壳易于破损,所以应缩短鲜蛋收购和贮运的时间,从而保证其质量。

鲜蛋的包装材料要因地制宜进行选择,力求经济、安全、干燥和适用,常用的有塑料箱和硬纸箱等。铺垫物如草秆或谷糠等,也要清洁、干燥、柔软、有弹性、无异味。在冬季包装时要注意防寒,在夏季要注意箱(篓)内的空气流通。

运输时要防止破损和污染,搬运时要轻拿稳放。避免与装有对人体有毒有害的物品或挥发性气味的物品混装。对装过化工原料、农药、化肥等有毒、有害、有异味的运载工具,要彻底冲洗干净消毒后再使用。运送鸡蛋的车辆最好使用封闭货车或集装箱,不得让鸡蛋直接暴露在空气中,车辆事先用消毒剂清洗消毒,运输途中要防止雨淋、日晒、风沙和震动;到达目的地后不得露天堆放,以防蛋质变化。

三、鲜蛋的杀菌与保鲜方法

（一）鲜蛋的杀菌消毒方法

蛋产出母体后接触到粪便、垫草或地面，蛋壳就会被污染而带菌。这些细菌在蛋壳上很容易繁殖，如果不进行消毒就直接进行保鲜，则会影响贮存保鲜效果，甚至达不到保鲜的目的。因此，鲜蛋在保鲜之前，应先进行杀菌消毒。常用的杀菌消毒方法有以下几种。

1. 新洁尔灭消毒法 用5%新洁尔灭原液配成0.1%的水溶液，将鲜蛋放入其中浸泡数分钟即可。

2. 漂白粉消毒法 用含有效氯1.5%的漂白粉溶液浸泡鲜蛋3分钟即可。

3. 碘消毒法 用0.1%碘溶液浸泡鲜蛋30～60秒钟即可。

4. 高锰酸钾消毒法 用0.5%高锰酸钾溶液浸泡鲜蛋1分钟即可。

5. 甲醛消毒法 将鲜蛋置于密闭容器或密封性能好的房间内，每米^{3}空间用30毫升甲醛（装在瓷盘等容器内）和15克高锰酸钾（放入甲醛中），迅速关闭容器或房门，经过1小时左右即可。注意保持温度在20℃以上，否则达不到预期的消毒效果。

6. 过氧乙酸消毒法 用1%过氧乙酸溶液浸泡鲜蛋3～5分钟即可。或者将鲜蛋放在密闭房间内，按每米^{3}空间1克纯过氧乙酸计算，将所需的过氧乙酸置于陶瓷或搪瓷容器中，电炉或酒精灯加热，关闭门窗，等到冒尽烟后，去掉热源，熏蒸20～30分钟即可。

7. 臭氧熏蒸消毒法 是目前较常用的鸡蛋表面消毒方法。根据每次需要消毒的鸡蛋数量，设计一个具有相应容积的封闭空间，其间配置1台臭氧发生器；鸡蛋放入后启动臭氧发生器，连续运行15分钟后本次消毒过程结束。

(二)鲜蛋的保鲜方法

1. 冷藏法 冷藏法是我国目前应用最广的大规模保存鲜蛋的一种方法。其优点是,既能基本抑制蛋的物理和化学变化,蛋的表面也很少变化,又能抑制微生物的生长繁殖,从而达到保鲜的目的。

鲜蛋冷藏时,冷库温度保持在0℃左右,昼夜温差不得大于1℃,相对湿度为80%~85%。为了保持库温恒定,鲜蛋在入库之前要进行预冷,使蛋温降至2℃~3℃再入库冷藏。每次进库量不超过总容量的15%。要严格控制制冷设备的运转,以适应增多贮藏量后对制冷的要求。鲜蛋入库要按品种和进库时间分别堆垛,每批蛋进库后应挂上货牌,标明入库日期、数量、类别、产地等,并做好相应的记录。准备贮存较长时间的蛋应放置在冷库靠里边,短期保存的蛋放在冷库的靠外边。堆垛时应顺着冷风循流方向,垛与墙之间应留20~30厘米的空隙,垛与垛之间要留10厘米的空隙,垛的高度不能超过风道喷风口,以利于冷空气畅通对流。垛底应有垫板。

鲜蛋入库前应对冷库进行彻底打扫和消毒,使库内保持无菌、清洁、干燥。蛋的包装材料要清洁干燥,无异味,不吸湿,以免鲜蛋受污损。切忌与蔬菜、水果、水产品等同放一个库房内,以免造成霉变或吸收其他异味。为防止鲜蛋靠黄或贴壳,最好每月翻蛋1次。鲜蛋贮存到一定时间要进行抽查,一般每半个月抽查1次,每次抽查数量不少于1%,抽样要有代表性,上、中、下3层和四角及中间都要抽到样品蛋。在冷藏时,蛋壳表面切忌“冒汗”(形成1层水珠),否则,容易发生霉变。

2. 浸渍法 浸渍法有石灰水浸渍、萘氨盐浸渍和苯甲酸浸渍等,最常用的是石灰水浸渍保鲜法。其原理是,生石灰(即氧化钙)

加水后成为熟石灰(即氢氧化钙),熟石灰水为强碱性,具有杀菌和防腐作用;氢氧化钙可以与蛋内呼出的二氧化碳结合生成一种不溶性的碳酸钙微粒沉积在蛋壳表面,阻塞蛋壳上的气孔,从而阻止了蛋内水分向外蒸发及外界微生物的侵入,达到保鲜的目的。

具体做法是:按 1:5 的比例将生石灰和水充分搅拌均匀,静置沉淀,冷却,取上清液稀释 10 倍后注入缸内;将经过照蛋检验或其他方法检验后挑选的新鲜蛋放入盛有石灰水的缸内。不要放得过满,让石灰水高出蛋面 10~20 厘米,盖以清洁而透气的盖子保存。常温下可贮存半年左右。贮存期间要定期进行开盖检查,冬、春季每月 1 次,夏、秋季每半月 1 次,如见水分蒸发而减少,可补加清水并微加搅动。用石灰水贮存的蛋,蛋壳失去原有光泽,蛋壳较脆,在包装、运输与加工过程中应轻拿轻放,避免强烈震动,煮时蛋壳易破裂。

3. 涂膜法 涂膜法是在蛋的表面涂上一层可溶性、易干燥的物质,形成一层保护膜,阻止微生物的侵入,减少蛋内水分蒸发和二氧化碳挥发,抑制蛋白酶的活性,延缓鲜蛋内的生化反应速度,从而达到保鲜的目的。此法如果能与冷藏法相结合则效果更为理想。用做涂膜的物质有液体泡花碱、石蜡、聚乙烯醇、葡萄糖脂肪酸酯等,目前常用的是液体泡花碱和石蜡。

泡花碱即硅酸钠(Na_2SiO_3),又名水玻璃。液体泡花碱呈胶状,能粘附在蛋壳表面,阻塞蛋壳上的气孔,阻止蛋内二氧化碳的逸出和水分的蒸发,并隔绝外界微生物的入侵。同时,液体泡花碱呈碱性,有杀菌防腐作用,从而起到保持鲜蛋品质的作用。常温条件下可保持 4~5 个月不坏。

具体做法是:将泡花碱原液(45 或 56 波美度)加水稀释至 4 波美度(相对密度,旧称比重 1.029),注入缸中;将经过挑选的新鲜蛋先用 2%~3%的泡花碱液清洗干净,然后移入盛有 4 波美度泡花碱的缸内;泡花碱液应超过蛋面 5~10 厘米,以隔绝空气,封盖。

在贮存期间应定期进行检查,一般15~30天检查1次,如见缸内泡花碱液减少至蛋已露出或即将露出,应及时添加泡花碱液。贮藏温度以20℃左右为宜。

液体石蜡又称石蜡油。可将经过挑选和消毒的新鲜蛋放入盛有液体石蜡的容器中浸泡一下(1~2分钟)即取出,沥干多余石蜡后,移入事先准备好的臭氧密封室内(如装有紫外线灯的室内),以使蛋壳上的1层液体石蜡与臭氧发生氧化反应,而产生1层由氧化物构成的薄膜,这层膜具有杀菌作用。也可用手蘸取少许液体石蜡,双手相搓,将经过挑选和消毒的新鲜蛋在手心中快速旋转,使液体石蜡均匀而微量地涂满蛋壳,将涂膜后的蛋大头向上,放入蛋箱中。蛋箱存放到贮藏库中。蛋箱层与层之间要有间隔,最下层要垫离地面6~7厘米,最上1层蛋箱上要铺层纸,并在纸上放置吸湿剂(纯碱),每1 000千克蛋放40~50千克碱粉。鲜蛋贮藏室要通风良好,温度控制在5℃左右,相对湿度为70%~80%。贮藏期间应每20~30天抽查1次蛋的质量。

4. 气调法

(1)二氧化碳气调法　是将鲜蛋放在含有20%~30%二氧化碳的气体中,氧气的比例下降,蛋的代谢速度减慢,酶活性减弱,蛋内所含的二氧化碳不易散失,同时也可延缓微生物的生长而保持蛋的新鲜度。

具体操作方法:先将经过检验且消毒的新鲜蛋蛋箱堆放在聚乙烯塑料膜上,预冷2天,使蛋的温度与库温基本相同;将装有硅胶、漂白粉的袋子均匀放在垛顶箱上,用以防潮、消毒;根据蛋箱垛的规格,用聚乙烯塑料薄膜做成一定体积的塑料帐,套在蛋箱垛上,并与底部塑料膜烫合;最后用真空泵抽气,使塑料帐紧贴蛋箱,充入二氧化碳达到要求的浓度即可。在保藏过程中,先每2天测1次二氧化碳浓度,不足时即补充,稳定后,每周测1次,不足即补。

(2)充氮气调法　鲜蛋的外壳上有大量的好气性微生物污染,其发育繁殖除温度、湿度与营养成分因素外,必须有充分的氧气供给。当将鲜蛋密闭在充满氮气的聚乙烯薄膜袋内,会造成大量好气性微生物因得不到氧气供给而停止发育繁殖或死亡,从而延长鲜蛋的保存期。

四、蛋在贮藏过程中的变化

蛋在贮藏过程中,即使不受微生物的侵入,其蛋内容物也会因外界温度、湿度、包装材料的状态和保存时间等因素的影响而发生变化,从而降低蛋的新鲜度和食用价值。

(一)生理变化

当贮藏温度较高时,受精蛋的胚胎周围可形成血丝,对于未受精蛋,则其胚珠出现膨大现象。这种生理变化均会降低蛋的质量。

(二)物理变化

随着蛋贮藏时间的推移,壳外的胶质薄膜层逐渐消失,气孔暴露,蛋内水分蒸发,蛋的重量减轻,气室扩大;浓稠蛋白逐渐减少,溶菌酶的杀菌作用降低,而稀蛋白逐渐增加,耐存性大为降低;蛋黄膜弹性下降,蛋黄高度明显降低,蛋黄指数减少,以至蛋黄膜破裂。

(三)化学变化

蛋在贮藏期间,蛋白和蛋黄的 pH 值会不断发生变化,尤其是蛋白的 pH 值变化较大。贮藏初期,由于二氧化碳的快速蒸发,使 pH 值上升到 8.5 左右(正常为 7.8 ~ 8);随着贮藏时间推移,蛋白质被蛋白酶分解,产生小分子的酸性物质,而又使 pH 值下降,可降至7左右;此时蛋的新鲜度已下降,但尚可食用;发生腐败后,二氧化碳难以排出,加上腐败后蛋内有机物分解产生酸类,pH值下降到7以下,这种蛋不能食用。同时,由于酶和微生物的作用,蛋中蛋白质发生分解,在产生氨基酸的基础上,进一步分解形成酰胺、氨和硫化氢等。由于氨和硫化氢不断积累,最终引起蛋壳的爆裂。贮藏过程中,蛋黄中的脂类逐渐氧化,使游离脂肪酸增加。由于蛋黄中含有卵黄磷蛋白、磷脂类及甘油磷酸等,随着贮藏时间的延长,这些物质分解出无机态磷酸,尤其是腐败的蛋,无机态磷酸会增加更多。

五、蛋的卫生检验与卫生评价

蛋的检验方法一般有感官检验、灯光透视检验、蛋的相对密度测定、荧光检验、蛋黄指数测定等,其中以前两种方法应用最广泛。

(一)感官检验

主要凭借检查人员的感觉器官(视觉、听觉、触觉、嗅觉)来鉴别蛋的质量。

1. 检查方法 先查看蛋的形态、大小、色泽、蛋壳的完整性和污洁情况,然后仔细观察蛋壳表面有无裂痕和破损等。必要时可把蛋握在手中使其相碰以听其声响,闻一闻蛋壳表面有无异常气味。

2. 质量判定标准

(1)新鲜蛋 蛋壳表面有1层粉状物(胶质薄膜),蛋壳完整而清洁,色泽鲜明,无裂纹,无凸凹不平现象,手感发沉,相碰时发出清脆音而不发哑声。

(2)次蛋(一类)

①裂纹蛋 鲜蛋受压,使蛋壳破裂成缝,相碰时发出哑音,故

又叫做“哑板蛋”。

②硌窝蛋　鲜蛋受挤压，使蛋壳局部破裂凹陷，而蛋壳膜未破。

③流清蛋　鲜蛋受压破损，蛋壳膜破裂而蛋液外溢。

(3)陈蛋　蛋表皮的粉霜脱落，皮色油亮或乌灰，轻碰时声音空洞，在手中掂量有轻飘感。

(4)劣质蛋　其形态、色泽、清洁度和完整性等方面有一定的缺陷，如腐败蛋外壳常呈灰白色；受潮霉蛋外壳多污秽不洁，常有大理石样斑纹；曾孵化或漂洗的蛋外壳异常光滑，气孔显露。

(二)灯光透视检验

利用照蛋器的灯光来透视检查蛋的质量。

1. 检查方法　检查在暗室或弱光的环境中进行。将蛋的大头紧贴照蛋器的照蛋孔上，使蛋的纵轴与照蛋器约成30°角倾斜。先观察气室的大小(一般在照蛋孔上方装有测量气室用的规尺)和内容物透光程度，然后将蛋向右方迅速旋转1周左右，使蛋内容物轻微振动，根据蛋内容物转动情况来判定气室的状况、蛋白的粘度、系带的松弛度、蛋黄和胚胎的稳定程度，以及蛋内有无污斑、黑点和移动的异物。为了彻底观察，可把蛋向左方同样旋转1周左右。

2. 质量判定标准

(1)最新鲜蛋　透视时全蛋呈橘红色，蛋黄不显影，内容物不转动，气室高度4毫米以内。

(2)新鲜蛋　透视时全蛋呈红黄色，蛋黄处颜色稍深，内容物略转动，气室高度5~7毫米。这是产后约14天以内的蛋，可供冷藏。

(3)普通蛋　透视时蛋内容物呈红黄色，蛋黄显影清楚而能转动，且位置上移而不在中央，气室高度10毫米之内并能移动。这是产后2~3个月的蛋,已不宜冷藏,应速销售。

(4)可食蛋　由于浓蛋白完全水解,蛋黄明显可见,上浮接近气室,且易转动,气室移动而高度达10毫米以上。这类蛋不宜作为加工原料,只能作为一般食用蛋。

(5)次　蛋

①热伤蛋　鲜蛋因受热时间较长,胚珠变大,但胚胎不发育(胚胎死亡或未受精)。照蛋时可见胚珠增大,但无血管。

②早期胚胎发育蛋　受精蛋因受热或孵化而使胚胎发育。照蛋时,轻者呈现鲜红色小血圈(血圈蛋),稍重者血圈扩大,并有明显的血丝(血丝蛋)。

③红贴壳蛋　贮藏期间,蛋未翻动或受潮导致蛋白变稀,系带松弛,蛋黄上浮且靠边贴于蛋壳上。照蛋时可见气室增大,贴壳处呈红色,故称红贴壳蛋。打开后蛋壳内壁可见蛋黄粘连痕迹,蛋黄与蛋白界线分明,无异味。

④轻度黑贴壳蛋　红贴壳蛋形成日久,贴壳处真菌侵入,生长繁殖使之变黑。照蛋时蛋黄贴壳部分呈黑色阴影,其余部分蛋黄仍呈深红色。打开后可见贴壳处有黄中带黑的粘连痕迹,蛋黄与蛋白界线分明,无异味。

⑤散黄蛋　蛋受到剧烈震动或在贮藏时空气不流通,蛋受热受潮,在酶的作用下,蛋白变稀,蛋黄膜破裂。照蛋时可见蛋黄不完整或呈不规则云雾状。打开后蛋黄与蛋白相混,但无异味。

⑥轻度霉蛋　蛋壳外表稍有霉迹。照蛋时可见壳膜内壁有霉点。打开后蛋液内无霉点,蛋黄与蛋白分明,无异味。

(6)劣质蛋

①重度黑贴壳蛋　由轻度黑贴壳蛋发展而来。粘壳处呈黑色,且黑色面积占整个蛋黄面积的1/2以上,蛋液有异味。

②重度霉蛋　蛋壳表面有灰黑色斑点。照蛋时可见内部有较大黑点或黑斑。打开后壳下膜和蛋液内都有霉点,并带有严重霉

味。

③泻黄蛋　由于微生物侵入蛋内并大量生长繁殖，导致蛋黄膜破裂而使蛋黄与蛋白相混。照蛋时黄白混杂不清，呈灰黄色。打开后蛋液呈灰黄色，变稀，浑浊，有不愉快的气味。

④黑腐蛋　是由上述各劣质蛋继续变质而成。蛋壳呈乌灰色，甚至有时蛋壳因受内部硫化氢膨胀的压力而爆裂。照蛋时全蛋不透光，呈灰黑色。打开后可见蛋黄与蛋白分不清，呈暗黄色、灰绿色或黑色水样弥漫状，并有恶臭味或严重霉味。

⑤晚期胚胎发育蛋（孵化蛋）　受精蛋经孵化后胚胎已经发育，胎儿形成，但中途死亡。蛋壳呈暗黑色，照蛋时胚胎呈黑色，打开后可见胎儿已形成、长大。

（三）蛋的卫生评价

1. 新鲜蛋　正常鲜销，供食用。

2. 一类次蛋　准许鲜销，但应限期售完。

3. 二类次蛋　不准鲜销，须经85℃以上的高温处理3～5分钟后供食用。

4. 劣质蛋　不准销售和食用。

六、蛋的卫生标准及分级评定

（一）蛋的卫生标准（国家级）

1. 感官指标　蛋壳清洁完整。灯光透视时整个蛋呈橘黄色至橘红色，不见蛋黄或略见阴影。打开后蛋黄凸起、完整并有韧性，蛋白澄清透明，稀稠分明，无异味。

2. 理化指标　汞（以毫克计，毫克/千克）≤0.05。

(二)蛋的分级标准

1. 内销蛋的质量标准

(1)一级蛋　不分大小,以新鲜、清洁、干燥、无破损为主要标准。在夏季,鸡蛋虽有少量小血圈、小血筋,仍可作为一级蛋收购。

(2)二级蛋　质量新鲜,蛋壳上的泥污、粪污、血污面积不超过50%。

(3)三级蛋　新鲜雨淋蛋、水湿蛋(包括洗白蛋)。

2. 内销蛋的分级标准

(1)一级蛋　不分大小,凡是新鲜、无破损的均按一级蛋销售。

(2)二级蛋　是指硌窝蛋、粘眼蛋、穿眼蛋(小口流清)、头照蛋(未受精蛋)、穿黄蛋和靠黄蛋等。

(3)三级蛋　指大口流清蛋、红贴壳蛋、散黄蛋、外霉蛋等。

3. 出口鸡蛋的质量及分级标准　出口鸡蛋的质量及分级标准见表7-1。

表 7-1　出口鸡蛋的质量及分级标准

项　目	一级蛋	二级蛋	三级蛋
蛋重(个)	60克以上	50~59克或以上	38~49克或以上
蛋　壳	清洁、坚固、完整	清洁、坚固、完整	污蛋壳不大于全蛋的1/10
气　室	高度5毫米以上者不超过全蛋的10%	高度5毫米以上者不超过全蛋的10%	高度7~8毫米,不大于全蛋的1/4
蛋　白	色清明,浓厚	色清明,较浓厚	色清明,稍稀薄
蛋　黄	不显露	略明显,但仍坚固	明显而移动
胚　胎	不发育	不发育	略有发育

主要参考文献

1 黄大器主编．饲料手册.北京科学技术出版社,1984

2 王和民主编．配合饲料配制技术.中国农业出版社,1990

3 张日俊编著．动物饲料配方.中国农业大学出版社,1999

4 韩友文主编．饲料与饲养学.中国农业大学出版社,1997

5 胡坚主编．动物饲养学.吉林科学技术出版社,1990

6 朱广祥编著．饲料生产应用手册.中国农业科技出版社,1996

7 刘继业主编．饲料安全工作手册.中国农业科技出版社,2001

8 李德发主编．现代饲料生产.中国农业大学出版社,1996

9 王生雨编著．蛋鸡生产新技术.山东科学技术出版社,1991

10 韩俊彦编著．养鸡技术大全.辽宁科学技术出版社,1997

11 杜立新编著．蛋鸡饲养手册.中国农业大学出版社,1999

12 艾文森主编．养鸡手册.河北科学技术出版社,1999

13 张振涛主编．绿色养鸡新技术．中国农业出版社

14 宁中华编著．现代实用养鸡技术.中国农业出版社,2002

15 杨宁主编．现代养鸡生产．北京农业大学出版社,1995

16 江苏畜牧兽医学校．实用养鸡大全．中国农业出版社,1992

17 杨山主编．家禽生产学.中国农业出版社,1995

18 杨山,李辉主编．现代养鸡.中国农业出版社,2002

19 张彦明主编．动物防疫与检疫技术．高等教育出版社,2000

20 许伟琦主编．畜禽检疫检验手册．上海科学技术出版社,

2000
21 薛慧文编著．肉品卫生监督与检验手册．金盾出版社，2003
22 佘锐萍主编．动物产品卫生检验．中国农业大学出版社，2000
23 王春林,朱德才主编．新编禽病诊断与防治手册.上海科学技术文献出版社,1997
24 陈炳卿等主编．现代食品卫生学.人民卫生出版社,2002
25 叶岐山主编．鸡病防治实用手册(第二版)．安徽科学技术出版社,1995
26 臧素敏主编．养鸡与鸡病防治.中国农业大学出版社,2000
27 王宏主编．鸡病最新防治技术.辽宁科学技术出版社,1996
28 王锋等．畜牧业生产中的环境污染及治理对策．家畜生态,2001
29 张玉刚．禽免疫接种方法及注意事项．养禽与禽病防治，2003
30 刘亚力．抗生素替代品的研究进展．中国禽业导刊,2000
31 韩素芹．配制鸡饲料应注意的事项.山东饲料,2003
32 刘忠琛．养殖户选购配合饲料的误区.山东饲料,2003

宠物医师临床检验手册	34.00元
新编训犬指南	12.00元
狂犬病及其防治	7.00元
怎样提高养鸭效益	6.00元
肉鸭饲养员培训教材	8.00元
鸭鹅良种引种指导	6.00元
种草养鹅与鹅肥肝生产	6.50元
肉鹅高效益养殖技术	10.00元
怎样提高养鹅效益	6.00元
家禽孵化工培训教材	9.00元
鸡鸭鹅的育种与孵化技术(第二版)	6.00元
家禽孵化与雏禽雌雄鉴别(第二次修订版)	30.00元
鸡鸭鹅的饲养管理(第二版)	4.60元
鸡鸭鹅饲养新技术	18.00元
简明鸡鸭鹅饲养手册	8.00元
肉鸡肉鸭肉鹅快速饲养法	5.50元
肉鸡肉鸭肉鹅高效益饲养技术	10.00元
鸡鸭鹅病诊断与防治原色图谱	16.00元
鸭病防治(第二次修订版)	8.50元
鸭瘟 小鹅瘟 番鸭细小病毒病及其防制	3.50元
家庭科学养鸡	15.00元
怎样经营好家庭鸡场	14.00元
肉鸡高效益饲养技术(修订版)	14.00元
肉鸡无公害高效养殖	10.00元
优质黄羽肉鸡养殖技术	9.50元
怎样养好肉鸡	6.50元
怎样提高养肉鸡效益	12.00元
肉鸡标准化生产技术	12.00元
肉鸡饲养员培训教材	8.00元
蛋鸡饲养员培训教材	7.00元
怎样提高养蛋鸡效益	12.00元
蛋鸡高效益饲养技术	5.80元
蛋鸡标准化生产技术	9.00元
蛋鸡饲养技术(修订版)	5.50元
蛋鸡蛋鸭高产饲养法	9.00元
鸡高效养殖教材	6.00元
药用乌鸡饲养技术	7.00元
怎样配鸡饲料(修订版)	5.50元
鸡病防治(修订版)	8.50元
鸡病诊治150问	13.00元
养鸡场鸡病防治技术(第二次修订版)	15.00元
鸡场兽医师手册	28.00元
科学养鸡指南	39.00元
蛋鸡高效益饲养技术(修订版)	11.00元
鸡饲料科学配制与应用	10.00元
节粮型蛋鸡饲养管理技术	9.00元
蛋鸡良种引种指导	10.50元
肉鸡良种引种指导	13.00元
土杂鸡养殖技术	11.00元
果园林地生态养鸡技术	6.50元
养鸡防疫消毒实用技术	8.00元